彩图 1　脱毒徐薯 18

彩图 2　商薯 19

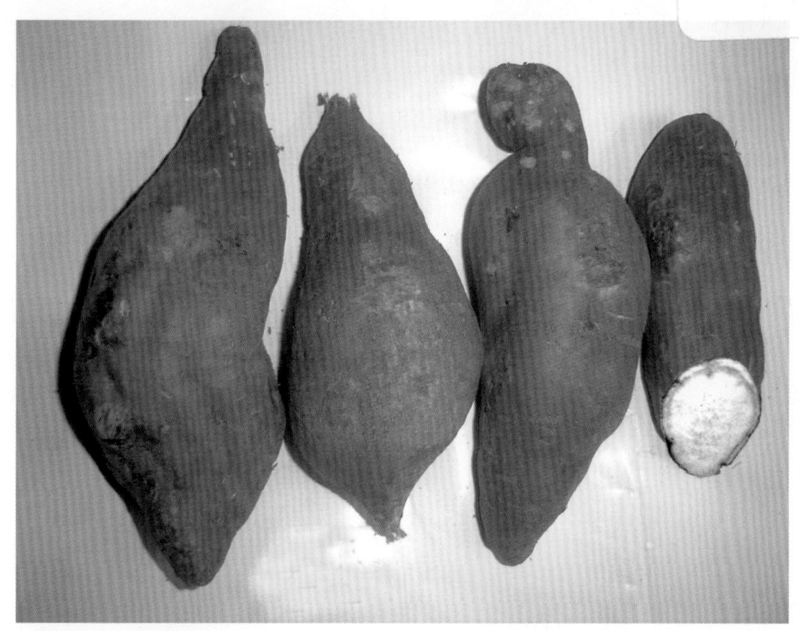

彩图 3　徐薯 22

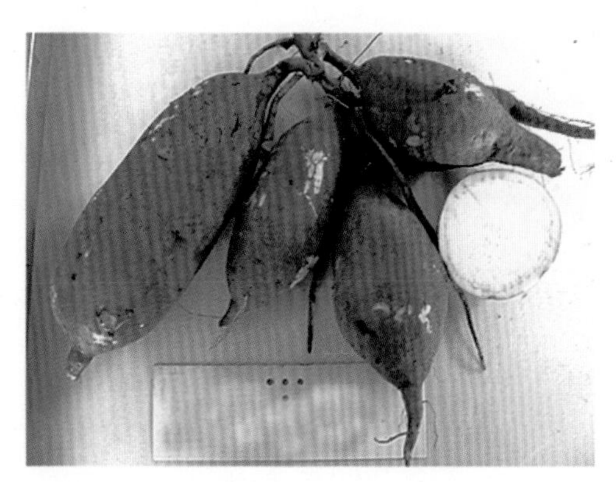

彩图 4　漯薯 10 号

彩图 5　商薯 9 号

彩图 6　漯徐薯 8 号

彩图 7　徐薯 32

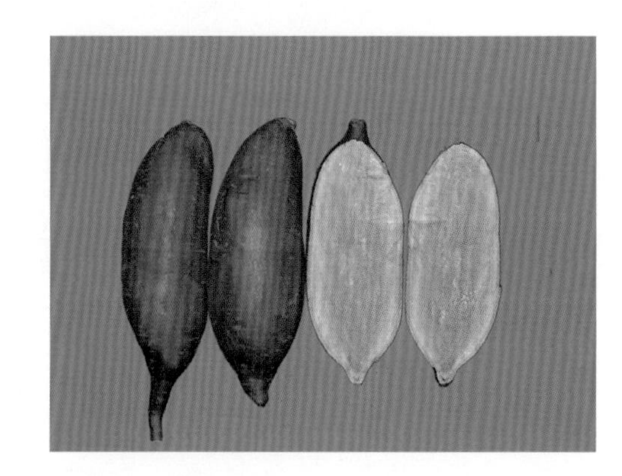

彩图 8　郑红 22

彩图 9　洛薯 10 号

彩图 10　冀薯 98

彩图 11　徐薯 27

彩图 12　豫薯 13

彩图 13　桂粉 2 号

彩图 14　烟薯 25

彩图 15　徐薯 23

彩图 16　浙薯 132

彩图 17　遗字 138

彩图 18　岩薯 5 号

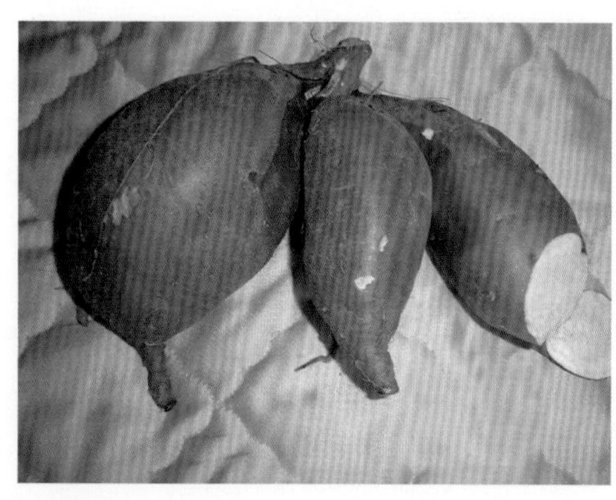

彩图 19　心香

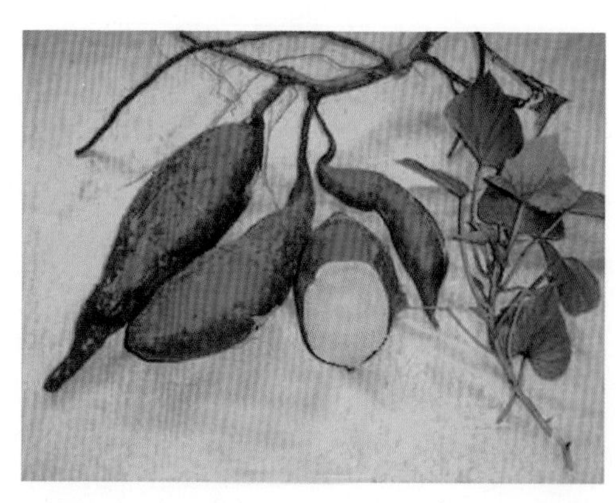

彩图 20　红东

彩图 21　北京 553

彩图 22　广薯 87

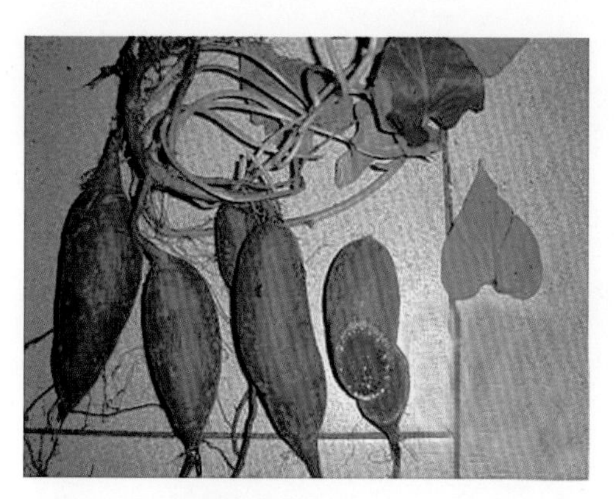

彩图 23　浙紫薯 1 号

彩图 24　渝紫 7 号

彩图 25　龙薯 9 号

彩图 26　苏薯 8 号

彩图 27　郑薯 20

彩图 28　日本绫紫

彩图 29　济黑 1 号

彩图 30　徐 22–5

彩图 31　台农 71 茎尖

彩图 32　感染甘薯根腐病的薯苗

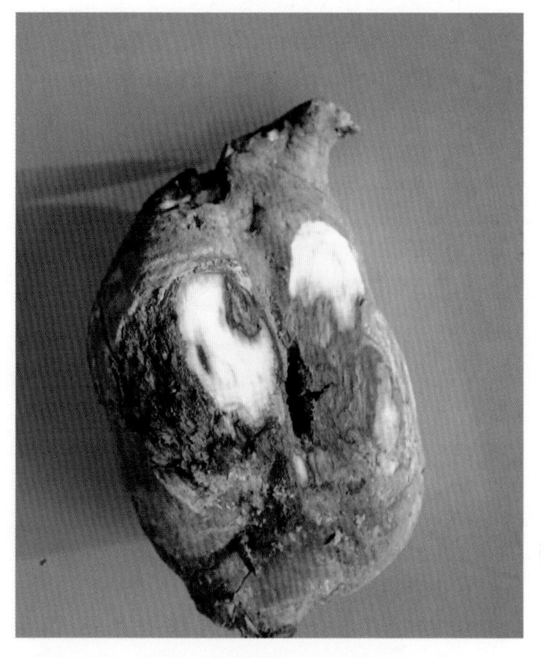

彩图 33　感染甘薯黑斑病的薯块

彩图 34　感染甘薯茎线虫病的薯苗

彩图 35　感染甘薯茎线虫病的薯块

彩图 36　感染 SPVD 的甘薯植株（叶片扭曲、皱缩）

彩图 37　感染 SPVD 的甘薯植株（叶脉褪绿、皱缩，花叶）

彩图 38　甘薯田杂草危害情况

彩图 39　除草剂危害后甘薯茎叶症状

一本书明白

甘薯绿色高效生产技术

YIBENSHU
MINGBAI
GANSHU
LVSEGAOXIAO
SHENGCHANJISHU

杨国红　肖利贞　主编

“十三五”国家重点图书出版规划

新型职业农民书架
种能出彩系列

山东科学技术出版社　山西科学技术出版社　中原农民出版社
江西科学技术出版社　安徽科学技术出版社　河北科学技术出版社
陕西科学技术出版社　湖北科学技术出版社　湖南科学技术出版社

中原农民出版社　联合出版

图书在版编目(CIP)数据

一本书明白甘薯绿色高效生产技术/杨国红,肖利贞主编.
郑州:中原农民出版社,2019.4(2021.2 重印)
(新型职业农民书架·种能出彩系列)
ISBN 978-7-5542-2059-7

Ⅰ.①一… Ⅱ.①杨… ②肖… Ⅲ.①甘薯-高产栽培-无污染技术 Ⅳ.①S531

中国版本图书馆 CIP 数据核字(2019)第043849号

出版社: 中原农民出版社
地址: 郑东新区祥盛街27号7层
邮政编码:450016　　**电话:**0371-65751257(传真)
发行单位: 全国新华书店
承印单位: 河南省诚和印制有限公司
投稿信箱:djj65388962@163.com
交流 QQ:895838186
策划编辑电话:13937196613
邮购热线:0371-65788651
开本: 787mm×1092mm　　1/16
印张: 10
字数: 224千字　　**插页:** 8
版次: 2019年4月第1版　　**印次:** 2021年2月第2次印刷

书号: ISBN 978-7-5542-2059-7　　**定价:** 39.00元

本书作者

主　　编　杨国红　肖利贞

副 主 编　杨育峰　王裕欣　李建国　杨爱梅　王自力　乔　奇

张晓申　秦素研　胡启国　张　萌

参编人员　李君霞　王雁楠　徐心志　代小冬　秦　娜　朱灿灿

杨晓平　王春义　王永江　王　爽　田雨婷　张德胜

秦艳红　张　莉　陈献功

目 录

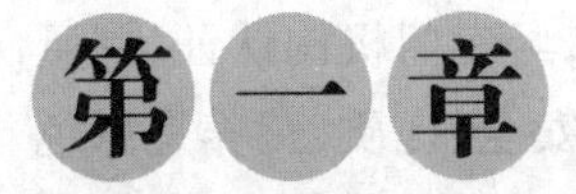

第一章

春薯栽培技术

本章导读：本章从选择优良品种、培育无病壮苗、平衡施肥技术、选择产地与深耕起垄、栽插技术、田间管理、甘薯生育异常成因诊断与防治等方面介绍了春薯绿色高效生产技术，旨在使读者详细了解不同地域春薯绿色高效栽培技术，以便在甘薯生产中灵活应用。

绿色农产品是指遵循可持续发展原则，按照特定生产方式生产，经专门机构认证、许可使用绿色食品标志的，无污染、安全、优质、营养类农产品。无污染、安全、优质、营养是绿色农产品的特征。无污染是指在甘薯绿色生产过程中，通过严密监测、控制，防范农药残留、放射性物质、重金属、有害细菌等的污染，以确保甘薯的洁净。

认证绿色食品标志的甘薯产地环境质量必须符合《绿色食品 产地环境技术条件》（NY/T 391—2013）的要求，空气、水体和土壤环境应符合生产绿色食品甘薯的要求，严格限制化学物质的使用，高毒、剧毒或代谢物高毒以及可能致癌、致畸的农药都在禁用之列，产品必须符合《绿色食品 甘薯生产技术规程》（DB37/T 1559—2010）的要求。

第一节 选择优良品种

优良品种是农业生产中最重要、最活跃的因素，是获得高产高效的基础。各地可根据甘薯生产的用途、病害发生的情况等选用不同的良种。自新中国成立以来，我国甘薯育种工作者，通过杂交选育、引种等多种途径培育出数百个甘薯品种，其中一些高产、优质、抗病的淀粉型和食用型等品种大面积种植，在甘薯生产上发挥了显著的增产作用。

一、淀粉加工型优良甘薯品种

这类属于淀粉含量较高的甘薯品种，主要用于甘薯淀粉制品、乳酸、柠檬酸、乙醇等食品和工业加工。其特点是淀粉含量、产量均较高，淀粉型品种平均产量比对照增产5%以上，薯块淀粉率比对照高1%以上，有的高淀粉加工型品种还具有一定的抗“糖化”、抗“褐变”等优良加工品质特性和抗病性。现推广利用的多为白色薯肉的品种，红心品种淀粉含量一般较低，不适宜作淀粉加工用，有些紫心品种虽然淀粉含量很高，但产量不太理想，可作为全薯粉加工用。根据各省与国家三大薯区区域试验结果，现按三大薯区分述于后，各地应根据当地的栽培生态条件，选用抗灾、抗病、优质、高产、高效的甘薯淀粉加工型脱毒原种、一级或二级脱毒良种。

（一）北方薯区淀粉加工用品种

1. 脱毒徐薯18（见彩图1）

［品种来源］ 由江苏徐州甘薯研究中心用新大紫作母本、华北52－45作父本进行杂交选育而成，原系号为732518，1983年经国家品种审定委员会认定，并先后在河北、山东、河南、山西、浙江、吉林、江苏等省审定，是适宜切干、制粉，食饲兼用的优良品种。

[特征特性] 该品种顶叶色、茎色、叶色均为绿色，叶柄基色、叶脉色均为紫色，叶片为浅裂形，茎顶端无茸毛，中等蔓长，紫红皮白肉，薯形长纺锤形，干率29% ~32%，淀粉含量春薯24%左右，夏薯20%左右，食味和薯干质量中等。高抗根腐病，不抗黑斑病和茎线虫病，高产稳产、适应性广，综合性状好。一般春薯鲜薯产量约为3 500千克/亩，夏薯鲜薯产量约为2 500千克/亩。

[产量表现] 1982年获国家发明一等奖，是我国大面积种植的当家品种。由于徐薯18已推广近30年，品种混杂退化严重，产量处于徘徊阶段，脱毒徐薯18恢复了原徐薯18的优良种性，比原徐薯18增产20% ~40%。

[适宜地区] 在丘陵、山区、平原春夏薯均可种植，不宜在黑斑病和茎线虫病区推广。

2. 商薯19(见彩图2)

[品种来源] 河南省商丘市农林科学研究所以SL-01×豫薯7号杂交选育而成，2000年通过河南省农作物品种审定委员会审定，2003年通过国家甘薯鉴定委员会鉴定。

[特征特性] 该品种中短蔓型，叶片心形带齿，叶、叶脉、茎均为绿色，薯形长纺锤形，薯皮紫红色，薯肉白色。鲜薯干物率32.8%，淀粉率达22%以上。高抗根腐病，抗茎线虫病，高感黑斑病，耐涝性较好。

[产量表现] 2000~2001年，同时参加了国家北方薯区区域试验和河南省区域试验。北方区域试验两年鲜薯平均产量2 063千克/亩，较对照徐薯18减产2.4%，减产不显著；平均薯干产量606.5千克/亩，比对照徐薯18减产0.66%，减产不显著；干物率29.7%，略高于对照。河南省区域试验两年平均鲜薯、薯干产量分别较对照徐薯18增产16.31%、20.6%。2002年国家北方甘薯品种生产试验，鲜薯平均产量为2 113.3千克/亩，比对照徐薯18增产7.93%，薯干产量为621.78千克/亩，比对照徐薯18增产8.35%。

[种植密度及适宜地区] 种植密度为每亩栽插3 000~3 500株，在生产过程中注意防治黑斑病，不宜在黑斑病重病区种植。

3. 徐薯22(见彩图3)

[品种来源] 由江苏徐州甘薯研究中心以豫薯7号×苏薯7号杂交选育而成，2003年通过江苏省农作物品种审定委员会审定，2005年通过国家甘薯鉴定委员会鉴定。

[特征特性] 该品种叶片心形带齿，顶叶、叶色、叶脉、叶柄、茎均为绿色。中长蔓，薯块下膨纺锤形，红皮白肉，结薯整齐集中，上薯率90%，薯块萌芽性好，夏薯块干物率31.0%，比对照南薯88高3.6%，淀粉率21.0%左右，中抗根腐病。

[产量表现] 2002~2003年参加了长江中下游甘薯品种区域试验，两年平均鲜薯产量2 063.2千克/亩，比对照南薯88减产4.6%；薯干产量645.7千克/亩，比对照南薯88增产8.9%，居参试品种首位。2004年参加国家生产试验，平均鲜薯产量2 399.86千克/亩，比对照南薯88减产5.16%，薯干产量707.19千克/亩，比南薯88增产9.29%。

[种植密度及适宜地区] 每亩春薯种植3 500~4 000株，夏、秋薯种植4 000~5 000株。不宜在重茎线虫病区推广。

4. 漯薯10号(见彩图4)

[品种来源] 由漯河市农业科学院利用徐781放任授粉选育而成，2011年通过河南省

甘薯新品种鉴定。

［特征特性］ 该品种顶叶色绿，叶色浓绿，叶脉紫色，茎色绿，叶片心形，茎蔓中长，薯皮色紫红，薯肉色淡黄，薯形纺锤形，结薯整齐集中，大中薯率高，较耐贮，食味好。平均烘干率34.05%，比对照徐薯22高3.86%。高抗茎线虫病，抗黑斑病和根腐病。

［产量表现］ 2008～2009年度参加了河南省甘薯新品种区域试验，两年平均鲜薯产量2 028.1千克/亩，较对照徐薯22增产6.5%；薯干产量712.52千克/亩，较对照徐薯22增产23.9%。2010年参加了河南省甘薯新品种生产鉴定试验，平均鲜薯产量1 513.1千克/亩，比对照徐薯22增产4.9%；薯干产量457.3千克/亩，比对照徐薯22增产19.7%；淀粉产量301.6千克/亩，比对照徐薯22增产24.1%。

［种植密度］ 春薯适宜种植密度为每亩3 000株，夏薯适宜种植密度为每亩3 300株。

5.商薯9号(见彩图5)

［品种来源］ 由商丘市农林科学院、河南佳美农业科技有限公司共同以徐薯25×商薯103杂交选育而成，2013年通过河南省甘薯新品种鉴定，2014年3月通过全国甘薯品种鉴定委员会鉴定。

［特征特性］ 该品种叶片心形带齿，叶色为绿色，叶脉紫色，茎蔓淡紫色，结薯集中，薯形纺锤形，薯皮红色，薯肉乳白色，薯干品质和食味均较好。抗蔓割病，中抗根腐病，茎线虫病和黑斑病。

［产量表现］ 2011～2012年河南省区域试验结果：平均每亩产鲜薯2 135.4千克，较对照徐薯22增产10.43%；薯干平均产量695.4千克/亩，比对照徐薯22增产25.42%；淀粉平均产量469.4千克/亩，比对照徐薯22增产30.03%，薯块平均干物率为32.5%。2012年河南省生产试验结果：鲜薯产量为2 109.2千克/亩；薯干产量为703.4千克/亩，淀粉产量为478.8千克/亩，分别较徐薯22增产14.27%、29.97%、35.59%。2012～2013年国家甘薯品种北方薯区区域试验结果：2012年平均鲜薯亩产2 075.3千克，比对照徐薯22减产5.57%；薯干亩产696.4千克，比对照徐薯22增产7.14%；淀粉亩产473.8千克，比对照徐薯22增产11.32%。2013年平均鲜薯亩产1 898.3千克，比对照徐薯22增产6.02%；薯干亩产627.0千克，比对照徐薯22增产20.57%；淀粉亩产424.7千克，比对照徐薯22增产25.45%。2013年国家生产试验结果：平均鲜薯亩产2 391.1千克，比对照徐薯22增产4.57%；薯干亩产821.0千克，比对照徐薯22增产18.14%；淀粉亩产562.5千克，比对照徐薯22增产21.34%。

［种植密度及适宜地区］ 每亩种植密度3 000株左右，适宜在河南、江苏北部、安徽、山东、河北、陕西地区种植。

6.漯徐薯8号(见彩图6)

［品种来源］ 由河南省漯河市农业科学院、江苏徐州甘薯研究中心联合，以徐薯18×徐781杂交选育而成，2008年通过国家甘薯品种鉴定委员会鉴定。

［特征特性］ 该品种中短蔓，叶片心形，顶叶和成年叶绿色，叶脉紫色，茎色绿带紫。薯形下膨纺锤形，紫红皮白肉，结薯较集中，薯干洁白平整品质好，食味较好，耐贮藏。烘干率36.54%、淀粉率25.43%，分别较对照徐薯18高8.21%和7.16%。抗根腐病、茎线虫病

和蔓割病，中抗黑斑病，综合评价抗病性较好。

［产量表现］ 2006～2007 年参加北方薯区全国甘薯品种区域试验，2006 年平均每亩鲜薯产 1 736.8 千克，比对照徐薯 18 减产 13.36%；薯干产量 633.8 千克/亩，比对照徐薯 18 增产 9.79%；淀粉产量 441.1 千克/亩，比对照徐薯 18 增产 17.91%。2007 年平均鲜薯产量 1 483.3 千克/亩，比对照徐薯 18 减产 21.14%；薯干产量 542.7 千克/亩，比对照徐薯 18 增产 3.69%；淀粉产量 377.7 千克/亩，比对照徐薯 18 增产 12.56%。2007 年国家生产试验平均鲜薯产量 1 901.2 千克/亩，比对照徐薯 18 减产 6.17%；薯干产量 679.9 千克/亩，比对照徐薯 18 增产 17.37%；淀粉产量 470.6 千克/亩，比对照徐薯 18 增产 25.44%。

［种植密度及适宜地区］ 种植密度每亩 3 000～4 000 株，适宜在北方薯区的河南、安徽、河北、陕西、山东、江苏北部地区种植。

7. 徐薯 32（见彩图 7）

［品种来源］ 由江苏徐州甘薯研究中心以徐 55－2×日本红东杂交选育而成。

［特征特性］ 该品种淀粉加工兼食用，高产、高干、早熟、耐肥，萌芽性优，熟食味面、甜度中上等。超短蔓，夏薯最长蔓长一般在 80 厘米以内，倾向直立，顶叶紫色、叶片为绿色，叶脉紫色，蔓色绿，叶片浅裂形，分枝数多。薯块下膨纺锤形，薯皮红色，肉色浅黄，结薯集中。经江苏徐州甘薯研究中心鉴定，该品种抗根腐病，中抗茎线虫病，感黑斑病。

［产量表现］ 据 2011～2012 年河南省正阳、中牟、郸城、开封、通许多点进行春夏薯高产示范，春薯高产示范田产 3 000～3 500 千克/亩，夏薯产量约 2 000 千克/亩。春薯烘干率约 36%，夏薯烘干率约 32%。

［种植密度及适宜地区］ 起垄种植密度每亩 3 500～4 500 株，适宜在北方薯区淀粉加工兼食用区种植，亦适合麦薯间套作、烟薯间套作及瓜薯间套作。

8. 郑红 22（见彩图 8）

［品种来源］ 由河南省农业科学院粮食作物研究所与江苏徐州甘薯研究中心以徐 01－2－9开放授粉共同选育而成，2010 年通过国家甘薯品种鉴定委员会鉴定。

［特征特性］ 该品种萌芽性较好，叶片心形，顶叶和成年叶均为绿色，叶脉紫色，茎蔓绿色带紫。薯形纺锤形，紫红皮橘黄肉，结薯集中整齐，薯干平整，食味较好。较耐贮藏，高抗茎线虫病，抗根腐病，中抗黑斑病，综合评价抗病性较好。

［产量表现］ 2008～2009 年参加国家甘薯北方薯区区域试验，平均鲜薯产量 2 050.9 千克/亩，较对照徐薯 18 增产 4.46%；平均薯干产量 656.9 千克/亩，较对照徐薯 18 增产 20.59%；平均淀粉产量 441.0 千克/亩，较对照徐薯 18 增产 26.35%；平均烘干率 32.03%，比对照徐薯 18 高 4.29%；平均淀粉率 21.50%，比对照徐薯 18 高 3.70%。2009 年国家生产试验平均鲜薯产量 1 954.2 千克/亩，比对照徐薯 18 增产 11.28%；平均薯干产量 685.9 千克/亩，比对照徐薯 18 增产 23.29%；平均淀粉产量 472.3 千克/亩，比对照徐薯 18 增产 26.88%。

［种植密度及适宜地区］ 春薯每亩种植 3 000～3 200 株，夏、秋薯每亩栽 3 200～3 500 株。适宜在河南、北京、河北、陕西、山东、安徽中北部、江苏北部地区种植。

9. 洛薯 10 号（见彩图 9）

［品种来源］ 洛阳市农业科学研究院以豫薯 10 号×洛 89－4－6 杂交选育而成，2011

年通过国家甘薯品种鉴定委员会鉴定。

［特征特性］　该品种中长蔓型，茎色绿带紫，叶片心形带齿，成年叶、顶叶、叶柄均为绿色，叶脉紫色，基部分枝 7 ~ 8 个，薯块下膨纺锤形，黄白皮淡黄色肉，大薯率高，较耐贮藏。高抗蔓割病，中抗根腐病、茎线虫病、黑斑病。

［产量表现］　在 2008 ~2009 年国家甘薯北方薯区区域试验中，平均每亩鲜薯、薯干、淀粉产量分别为 1 808. 8 千克、574. 6 千克、384. 8 千克，分别较对照徐薯 18 减产 7. 87%、增产 5. 48%、增产 10. 25%。平均烘干率和淀粉率分别为 31. 76%、21. 27%，分别比对照徐薯 18 高 4. 02% 和 3. 47%。2010 年参加了国家生产试验，平均鲜薯产量 1 935. 8 千克/亩，比对照徐薯 18 增产 1. 74%；薯干产量 605. 7 千克/亩，比对照徐薯 18 增产 20. 71%；淀粉产量 403. 8 千克/亩，比对照徐薯 18 增产 27. 96%。

［种植密度及适宜地区］　春薯每亩种植 3 000 株左右，可在北京、山东、江苏、安徽、河南、陕西等省、市种植。

10. 冀薯 98(见彩图 10)

［品种来源］　河北省农林科学院粮油作物研究所以冀 21 – 2 × Y – 6 杂交选育而成，2004 年通过国家甘薯品种鉴定委员会鉴定。

［特征特性］　该品种叶片心形带浅齿，叶色浅绿色，叶脉淡紫色，长蔓，薯形纺锤形，薯皮深红色，薯肉浅黄色。薯块膨大早，抗黑斑病，中抗根腐病，不抗茎线虫病，烘干率 30. 2%，淀粉含量 18. 3%。

［产量表现］　2002 ~2003 年参加国家甘薯品种北方组区域试验，两年平均鲜薯每亩产 2 070 千克，比对照徐薯 18 增产 22. 4%；薯干每亩产 624 千克，比对照徐薯 18 增产 33. 8%。2003 年参加了国家甘薯品种北方组生产试验，鲜薯产量 2 173 千克/亩，比对照徐薯 18 增产 23. 7%；薯干产量 649 千克/亩，比对照品种徐薯 18 增产 26. 0%。

［种植密度及适宜地区］　种植密度中等肥力以上田地每亩 2 500 ~3 000 株，旱薄地每亩 3 500 ~4 000 株，适宜在山东、河南、河北、安徽、江苏等省份作春、夏薯种植，不宜在茎线虫病地区种植。

11. 徐薯 27(见彩图 11)

［品种来源］　系江苏徐州甘薯研究中心用徐薯 18 为母本，通过集团杂交放任授粉选育而成，2010 年通过山东省农作物品种审定委员会审定。

［特征特性］　该品种顶叶绿色，成年叶浅绿色，茎蔓绿色带少量紫点，叶脉和脉基色均为紫色，叶片心形偏小，薯块纺锤形，红皮白肉。平均烘干率 28. 0% 左右，较徐薯 18 低 2% ~ 3%。食味中等，高抗根腐病，感茎线虫病，高感黑斑病。该品种抗“糖化”，有利于延长淀粉加工时间。

［产量表现］　在 2007 ~2008 年山东省甘薯品种区域试验中，两年平均鲜薯产量 2 426. 0 千克/亩、薯干产量 665. 4 千克/亩，分别比对照徐薯 18 增产 23. 7% 和 10. 6%。2009 年山东省生产试验平均鲜薯产量 2 280. 8 千克/亩、薯干产量 713. 7 千克/亩，分别比对照徐薯 18 增产 27. 8% 和 11. 1%。

［种植密度］　种植密度为春薯每亩 3 500 株左右，夏薯每亩 4 000 株左右。

12.豫薯 13 号(见彩图 12)

[品种来源] 由河南省农业科学院粮食作物研究所以济 78066×绵粉 1 号杂交选育而成,2002 年通过全国农作物品种审定委员会审定。

[特征特性] 该品种顶叶深绿色,叶脉绿带紫色,叶脉基部紫色,叶柄绿色,茎绿色,叶形深复缺刻,短蔓。薯块纺锤形、较大,薯皮紫红色,薯肉白色,结薯集中、整齐,萌芽性好。据农业部农产品质量监督检测中心(郑州)化验,鲜基含水分 72%,总淀粉 16.4%,可溶性糖 3.25%,粗蛋白质 1.80%,粗纤维 0.91%,维生素 C 29.9 毫克/100 克。高抗根腐病,抗茎线虫病,高感黑斑病。

[产量表现] 1998~1999 年参加了国家北方甘薯品种区域试验,两年平均鲜薯、薯干、淀粉每亩产量分别为 1 973.2 千克、588.5 千克、386.4 千克,较对照徐薯 18 分别增产 7.7%、6.4%、6.2%。2001 年国家北方甘薯生产试验,平均鲜薯产量 2 084.4 千克/亩,比对照徐薯 18 增产 13.9%;平均薯干产量为 586.0 千克/亩,较对照徐薯 18 增产 12.2%。

[种植密度及适宜地区] 每亩春薯种植密度为 3 000~3 500 株,夏薯密度为 3 500~4 000 株,因茎蔓较短,可与其他作物间、套作。该品种适宜在河南、河北、山东、江苏、安徽等省春、夏薯区种植。

13.郑红 23 号

[品种来源] 是由河南省农业科学院粮食作物研究所于 2007 年以世中 1 号为母本、徐薯 18 作父本有性杂交,从杂交后代中系统选育而成,2013 年通过河南省甘薯品种鉴定委员会鉴定。

[特征特性] 该品种为淀粉兼食用型品种,地上部平均蔓长 183.9 厘米,平均分枝数 12.4 个,平均茎粗 0.58 厘米,叶形心形,叶色为绿色,叶脉绿色,茎蔓绿色;结薯集中,薯形下膨纺锤形,薯皮紫红色,薯肉白色,薯干品质和食味均较好;该品种抗旱、耐瘠、耐贮藏,适应性好,抗根腐病、茎线虫病和蔓割病,中抗黑斑病。

[产量表现] 2011 年河南省甘薯新品种区域试验中鲜薯平均亩产 2 103.2 千克,比对照徐薯 22 增产 13.3%;薯块平均干物率为 28.1%,薯干平均亩产 593.2 千克,比对照徐薯 22 增产 14.3%;薯块平均淀粉率 18.0%,淀粉平均亩产 382.6 千克,比对照徐薯 22 增产 14.8%。2012 年河南省甘薯新品种区域试验中鲜薯平均亩产 2 270.1 千克,比对照徐薯 22 增产 8.16%;薯块平均干物率为 29.8%,薯干平均亩产 665.1 千克,比对照徐薯 22 增产 10.22%;薯块平均淀粉率 19.38%,淀粉平均亩产 428.2 千克,比对照徐薯 22 增产 7.97%。

2012 年河南省甘薯新品种生产试验中鲜薯平均亩产 2 008.9 千克,比对照徐薯 22 增产 8.84%;薯块平均干物率为 29.4%,薯干平均亩产 589.6 千克,比对照徐薯 22 增产 8.95%;薯块平均淀粉率 19.2%,淀粉平均亩产 386.1 千克,比对照徐薯 22 增产 9.35%。

[种植密度及适宜地区] 春薯每亩种植 3 000~3 200 株,夏薯每亩种植 3 200~3 500 株,该品种适应性广,综合抗病性较好,稳产、丰产性好,在河南省及其他甘薯适宜种植地区均可种植。

（二）长江中下游薯区淀粉加工用品种

1. 西成薯007(南薯007)

［品种来源］ 是由四川省南充市农业科学研究所以 BB18－152×9014－3 杂交选育而成的一个燃料乙醇专用高淀粉甘薯品种,2008 年通过四川省农作物品种审定,2010 年通过国家甘薯品种鉴定委员会鉴定。

［特征特性］ 该品种萌芽性好,出苗早、整齐,中长蔓,叶片尖心形,顶叶、成熟叶、叶脉、茎蔓均为绿色。薯块纺锤形,红皮黄肉,单株结薯 3～5 个,熟食品质优。耐贮藏,抗黑斑病。

［产量表现］ 2008～2009 年参加了国家甘薯长江流域薯区区域试验,平均鲜薯产量 2 024.89千克/亩,比对照南薯 88 减产 4.02%;薯干产量693.30 千克/亩,比对照南薯 88 增产 18.33%,平均烘干率34.15%,比对照南薯 88 高 6.36%;淀粉产量 474.60 千克/亩,比对照南薯 88 增产 26.26%;平均淀粉率 23.36%,比对照南薯 88 高 5.53%。2009 年生产试验平均鲜薯产量 2 245.4 千克/亩,比对照南薯 88 减产 2.82%;薯干产量 771.4 千克/亩,比对照南薯 88 增产 18.89%;淀粉产量 528.4 千克/亩,比对照南薯 88 增产 26.62%。与四川省区域试验和生产试验结果一致。

［种植密度及适宜地区］ 每亩种植 3 500～4 000 株,适宜在四川、重庆、湖南、湖北、江西、浙江、江苏南部等地种植。

2. 苏薯 17 号

［品种来源］ 是由江苏省农业科学院粮食作物研究所从苏薯 2 号×南薯 99 的杂交组合后代中选育而成,2012 年通过国家甘薯品种鉴定委员会鉴定。

［特征特性］ 该品种顶叶色绿,叶脉淡褐色,叶色深绿,叶片心形,茎色绿带褐,中长蔓。薯形长纺锤形,薯皮红色,薯肉浅黄色,单株结薯数 3～4 个,结薯集中整齐,大中薯率 92.06%,薯块萌芽性好。薯块平均烘干率 33.20%,比对照徐薯 22 高 2.14%;平均淀粉率 22.53%,比对照高 1.86%;熟食甜面味香,品质优良。抗根腐病和蔓割病,中抗黑斑病和茎线虫病。

［产量表现］ 2010～2011 年参加了国家长江流域薯区甘薯品种区域试验。2010 年平均鲜薯产量 2 280.09 千克/亩,比对照品种徐薯 22 增产 16.29%;平均薯干产量为 753.32 千克/亩,比对照品种徐薯 22 增产 24.72%;平均淀粉产量为 507.07 千克/亩,比对照徐薯 22 增产 24.58%。2011 年平均鲜薯产量为 2 237.03 千克/亩,较对照品种徐薯 22 增产 7.94%;平均薯干产量为 738.33 千克/亩,比对照品种徐薯 22 增产 15.33%;平均淀粉产量为 507.45 千克/亩,比对照徐薯 22 增产 19.25%。2011 年国家生产试验平均鲜薯产量为 2 253.5 千克/亩,比对照徐薯 22 增产 17.58%;平均薯干产量为 740.3 千克/亩,比对照徐薯 22 增产 29.10%;平均淀粉产量 501.1 千克/亩,比对照徐薯 22 增产 33.03%。

［种植密度及适宜地区］ 种植密度为春薯每亩 3 000～3 500 株,夏薯每亩 3 500～3 800 株。建议在长江流域薯区的江苏南部、江西、浙江、四川、重庆、湖南、湖北等地区种植。

3. 鄂薯 9 号(E01－09)

［品种来源］ 由湖北省农业科学院粮食作物研究所以 868×浙薯 13 杂交选育而成,

2011 年通过全国甘薯品种鉴定委员会鉴定。

［特征特性］ 该品种萌芽性较好，叶形尖心带齿，顶叶绿色，叶色绿，叶脉紫色，茎绿色。薯块长纺锤形，紫红皮淡黄肉，结薯集中整齐，大中薯率取高，食味优。薯块平均烘干率 32.65%，比对照南薯 88 高 4.86%；平均淀粉率 22.06%，比对照高 4.23%。中抗茎线虫病，感薯瘟病。

［产量表现］ 2008～2009 年参加国家甘薯长江流域薯区区域试验，2008 年平均鲜薯产量为 2 049.2 千克/亩，比对照南薯 88 减产 6.37%；蔓干产量为 646.7 千克/亩，比对照南薯 88 增产 6.43%；淀粉产量为 432.5 千克/亩，比对照南薯 88 增产 10.93%；2009 年平均鲜薯产量为 1 998.5 千克/亩，比对照南薯 88 减产 1.58%；薯干产量为 681.2 千克/亩，比对照南薯 88 增产 20.75%；淀粉产量为 465.7 千克/亩，比对照南薯 88 增产 28.67%。2010 年参加国家生产试验，平均鲜薯产量 1 715.0 千克/亩，比对照南薯 88 增产 4.18%；平均薯干产量 575.7 千克/亩，比对照南薯 88 增产 22.63%；平均淀粉产量 392.2 千克/亩，比对照南薯 88 增产 29.62%。

［种植密度及适宜地区］ 种植密度为每亩 3 500 株，适宜在湖北、湖南、四川、江西、浙江、江苏南部等地区种植，不宜在薯瘟病发病地块种植。

4. 川薯 217(川 12－17)

［品种来源］ 系四川省农业科学院作物研究所、重庆市农业科学院特色作物研究所以冀薯 98×力源 1 号杂交选育而成，2011 年通过全国甘薯品种鉴定委员会鉴定。

［特征特性］ 该品种中蔓，顶叶、成熟叶、叶脉、蔓均为绿色，叶片心脏形，茸毛中等。薯块纺锤形，红皮白肉，薯块整齐集中，大中薯率较高，食味较优。薯块平均烘干率 30.96%，比对照南薯 88 高 3.17%；平均淀粉率 20.58%，比对照高 2.75%。中抗黑斑病，高感茎线虫病。

［产量表现］ 2008～2009 年参加了国家甘薯长江流域薯区区域试验。2008 年平均鲜薯产量为 2 241.5 千克/亩，比对照南薯 88 增产 2.42%；平均薯干产量为 694.4 千克/亩，比对照南薯 88 增产 14.27%；平均淀粉产量为 461.5 千克/亩，比对照南薯 88 增产 18.39%。2009 年平均鲜薯产量为 2 078.5 千克/亩，比对照南薯 88 增产 2.36%；平均薯干产量为 648.7 千克/亩，比对照南薯 88 增产 14.98%；平均淀粉产量为 431.2 千克/亩，比对照南薯 88 增产 19.13%。2010 年参加国家生产试验，平均鲜薯产量 1 643.5 千克/亩，比对照南薯 88 减产 2.81%；薯干产量 529.3 千克/亩，比对照南薯 88 增产 16.62%；淀粉产量 355.8 千克/亩，比对照南薯 88 增产 22.62%。

［种植密度及适宜地区］ 种植密度每亩 3 500～4 000 株，适宜在四川、江西、浙江、江苏南部等地种植。

5. 渝苏 8 号(2－12－8)

［品种来源］ 由西南大学、江苏省农业科学院粮食作物研究所以宁 97－9－2×南薯 99 杂交选育而成，2010 年通过全国甘薯品种鉴定委员会鉴定。

［特征特性］ 该品种萌芽性好，蔓长中等，叶片深裂，顶叶绿带褐边，成年叶、叶脉、叶柄和茎蔓均为绿色。薯块下膨纺锤形，红皮淡黄色肉，熟食品质较好。平均烘干率为 29.2%，比对照南薯 88 高 1.1%；平均淀粉率 19.1%，比对照南薯 88 高 1.0%。中抗黑斑病

和根腐病,不抗茎线虫病。

[产量表现] 2006~2007 年参加国家甘薯品种长江流域薯区区域试验,2006 年平均鲜薯产量为 2 352.0 千克/亩,比对照南薯 88 增产 4.54%;薯干产量为 687.4 千克/亩,比对照南薯 88 增产 6.42%;淀粉产量为 451.3 千克/亩,比对照南薯 88 增产 6.5%;2007 年平均鲜薯产量为 2 477.2 千克/亩,比对照南薯 88 增产 17.50%;薯干产量为 710.5 千克/亩,比对照南薯 88 增产 24.30%;淀粉产量为 468.5 千克/亩,比对照南薯 88 增产 28.1%。2008 年国家生产试验平均鲜薯产量 3 093.1 千克/亩,比对照南薯 88 增产 27.22%;平均薯干产量 870.9 千克/亩,比对照南薯 88 增产 34.24%;平均淀粉产量 560.9 千克/亩,比对照南薯 88 增产 36.77%。

[种植密度及适宜地区] 春、夏薯均可种植,密度为春薯每亩 3 300~3 500 株,夏薯每亩 3 500~4 000 株,适宜在重庆、江苏南部、湖北、江西、四川、浙江等地种植。

6. 川薯 34

[品种来源] 由四川省农业科学院作物所以南丰×徐薯 18 杂交选育而成,2003 年通过四川省农作物品种审定委员会审定。

[特征特性] 该品种中蔓,节色绿紫,成熟叶、顶叶色均为绿色,叶片心脏形。薯块纺锤形,薯皮红色、光滑,薯肉白色,商品性好,萌芽性好,田间长势旺,结薯集中,平均烘干率约 34%,淀粉率 20% 以上。抗黑斑病。

[产量表现] 2000~2001 年参加四川省甘薯区域试验,平均鲜薯产量为 1 811.9 千克/亩,与对照南薯 88 产量相当;平均薯干产量为 582.8 千克/亩,比对照南薯 88 增产 10.8%;平均淀粉产量为 300.5 千克/亩,比对照南薯 88 增产 17.25%。

[种植密度及适宜地区] 种植密度为每亩 3 000~3 500 株,适宜在四川、江西、浙江等地种植。

(三) 南方薯区淀粉加工用品种

1. 桂粉 2 号(见彩图 13)

[品种来源] 由广西壮族自治区玉米研究所以富硒 11×桂薯 2 号杂交选育而成,2009 年通过广西农作物品种审定,2011 年通过全国甘薯品种鉴定委员会鉴定。

[特征特性] 该品种株型半直立,长蔓,分枝数较多,茎粗中等,顶叶淡绿色,心形带齿,叶脉、茎蔓均为绿色。薯块下膨纺锤形,深红皮淡黄色肉,薯块较整齐集中,大中薯率较高,蒸煮食味香、甜、粉。平均烘干率 34.80%,比对照金山 57 高 8.78%;平均淀粉率 23.91%,比对照金山 57 高 7.64%。中抗薯瘟病,中感蔓割病,耐贮性好。

[产量表现] 2008~2009 年参加了国家甘薯南方薯区区域试验,2008 年平均鲜薯产量 1 633.6 千克/亩,比对照种金山 57 减产 25.58%;平均薯干产量 581.9 千克/亩,比对照金山 57 增产 0.57%;平均淀粉产量 402.3 千克/亩,比对照金山 57 增产 10.6%。2009 年平均鲜薯产量 1 806.7 千克/亩,比对照种金山 57 减产 26.75%;平均薯干产量 609.6 千克/亩,比对照金山 57 减产 2.28%;平均淀粉产量 415.4 千克/亩,比对照金山 57 增产 7.65%。2010 年参加了国家生产试验,平均鲜薯产量 1 722.9 千克/亩,比对照金山 57 增产 5.79%;平均薯干产量 605.7 千克/亩,比对照金山 57 增产 52.4%;平均淀粉产量 418.0 千克/亩,比

对照金山 57 增产 65.8%。

［种植密度及适宜地区］ 种植密度每亩 3 300 ~ 3 500 株，秋薯生育期 135 天以上收获有助于获得更高产量，适宜在南方薯区的广西、海南、江西等地区种植，不宜在蔓割病和薯瘟病重发地块种植。

2. 广薯 421

［品种来源］ 由广东省农业科学院作物研究所以揭薯 95 - 16 × 广紫薯 1 号杂交选育而成，2010 年通过全国甘薯品种鉴定委员会鉴定。

［特征特性］ 该品种萌芽性中等，苗期生长势较旺，株型半直立，中长蔓，分枝数中等，顶叶绿色，叶脉紫色，茎绿色，叶片心形带齿。薯形纺锤形，淡黄色皮淡黄色肉，大中薯率高，结薯较集中，薯块较均匀，薯身光滑。平均烘干率 33.72%，比对照金山 57 高 7.61%；平均淀粉率 22.97%，比对照金山 57 高 6.61%。大田薯瘟抗性鉴定为中抗，蔓割病室内鉴定为中感，耐贮性好。

［产量表现］ 2008 ~ 2009 年参加了国家甘薯南方薯区区域试验，2008 年平均鲜薯产量 1 903.7 千克/亩，比对照金山 57 减产 13.28%；平均薯干产量 649.57 千克/亩，比对照金山 57 增产 12.26%；平均淀粉产量 443.99 千克/亩，比对照金山 57 增产 22.06%。2009 年平均鲜薯产量 2 014.4 千克/亩，比对照金山 57 减产 12.27%；平均薯干产量 663.67 千克/亩，比对照金山 57 增产 14.46%；平均淀粉产量 449.21 千克/亩，比对照金山 57 增产 24.78%。2009 年生产试验平均鲜薯产量 2 282.3 千克/亩，比对照金山 57 增产 0.56%；薯干产量 743.31 千克/亩，比对照金山 57 增产 25.41%。

［种植密度及适宜地区］ 种植密度为每亩 3 000 ~ 3 600 株，该品种宜在广东、广西、福建、江西、海南等地区种植，夏秋薯全生育期 120 ~ 150 天，南方薯区注意防治蚁象、鼠害和蔓割病。

3. 金山 208

［品种来源］ 由福建农林大学作物科学学院以金山 57 开放授粉选育而成，2011 年通过全国甘薯品种鉴定委员会鉴定。

［特征特性］ 该品种萌芽性好，长蔓，叶尖心形，顶叶紫色，成叶绿，叶脉紫色。薯块短纺锤形，红皮淡黄色肉，单株结薯 3 ~ 5 个，结薯集中整齐，大中薯率高，食味较好，耐贮藏。薯块平均烘干率 31.49%，比对照金山 57 高 5.47%；平均淀粉率 21.03%，比对照金山 57 高 4.76%。高抗蔓割病（室内鉴定），感薯瘟病。

［产量表现］ 2008 ~ 2009 年参加了国家甘薯南方薯区区域试验，2008 年平均鲜薯产量 1 782.6 千克/亩，比对照金山 57 减产 18.79%；平均薯干产量 581.1 千克/亩，比对照金山 57 增产 0.43%；平均淀粉产量 392.1 千克/亩，比对照金山 57 增产 7.79%。2009 年平均鲜薯产量 2 112.9 千克/亩，比对照金山 57 减产 14.33%；薯干产量 636.1 千克/亩，比对照金山 57 增产 1.97%；淀粉产量 419.0 千克/亩，比对照金山 57 增产 8.58%。2010 年参加了国家生产试验，平均鲜薯产量 1 817.6 千克/亩，比对照金山 57 增产 14.4%；平均薯干产量 690.9 千克/亩，比对照金山 57 增产 41.6%。

［种植密度及适宜地区］ 种植密度为每亩 3 000 ~ 4 000 株，宜在福建、江西、广西、广东等地种植。

4. 金山 291

［品种来源］ 由福建农林大学作物学院以金山 57 × 金山 584 等集团杂交选育而成，2004 年分别通过了福建省审定和国家鉴定。

［特征特性］ 该品种叶、叶柄、茎均为绿色，叶脉浅紫色，叶片心形带齿或浅复缺。薯块纺锤形，薯皮红色，薯肉淡黄色，薯块平均干物率 28.5%。高抗蔓割病，田间鉴定中抗薯瘟病，室内鉴定高抗薯瘟病Ⅰ型，不抗薯瘟病Ⅱ型。

［产量表现］ 2002 ~ 2003 年参加了国家甘薯南方薯区区域试验，两年平均鲜薯产量 2 040千克/亩，比对照品种广薯 111 增产 34.7%；平均薯干产量 610 千克/亩，比对照品种广薯 111 增产 36.3%。2003 年参加国家甘薯品种南方组生产试验，平均鲜薯产量 2 136 千克/亩，比对照品种广薯 111 增产 21.4%；平均薯干产量 628 千克/亩，比对照品种广薯 111 增产 11.3%。

［种植密度及适宜地区］ 春薯密度每亩 3 500 ~ 4 000 株，南方秋薯每亩 4 000 ~ 4 500 株。该品种适宜在广东、福建、广西、江西、海南等地作夏、秋薯种植，不宜在重薯瘟病区种植。

5. 龙薯 10 号

［品种来源］ 由福建省龙岩市农业科学研究所用岩粉 1 号 × 金山 57 杂交选育而成，2006 年分别通过了全国甘薯品种鉴定委员会鉴定和福建省农作物品种审定委员会审定。

［特征特性］ 该品种茎、顶叶、叶色、叶柄均为绿色，叶脉、脉基和柄基为淡紫色，叶片心脏形，基部分枝较多。薯块纺锤形，薯皮红色，薯肉淡黄色，结薯集中、整齐，食味较优。夏（秋）薯薯块烘干率 30%，淀粉率 19.26%。较抗旱，较耐水肥，抗蔓割病，高感薯瘟病Ⅰ型群菌株，中抗Ⅱ型群菌株。

［产量表现］ 2004 ~ 2005 年参加了国家甘薯南方薯区区域试验，平均鲜薯产量 2 387 千克/亩，比对照金山 57 增产 5.17%；平均薯干产量 716.3 千克/亩，比对照金山 57 增产 19.88%。2005 年参加了国家南方甘薯品种生产试验，平均鲜薯产量 2 301.5 千克/亩，比对照金山 57 增产 10.27%；平均薯干产量 685.1 千克/亩，比对照金山 57 增产 27.33%。

［种植密度及适宜地区］ 秋薯应在立秋前插完，每亩种植 3 500 ~ 4 000 株为宜。适宜在福建、江西、广东、广西等地种植，不宜在薯瘟病常发区种植。

二、食用、薯脯、薯干加工型甘薯品种

加工薯脯及冷冻薯块品种宜选薯肉橘红色、淡红色、黄色、淡黄色，烘干率中等或稍高，可溶性糖、维生素、蛋白质、矿物营养较高，酚类物质含量少，粗纤维素少，口感佳的优质品种。

（一）优质红心甘薯品种

1. 烟薯 25（见彩图 14）

由山东省烟台市农业科学院以鲁薯 8 号为母本自由授粉杂交选育而成，2012 年分别通过了全国甘薯品种鉴定委员会鉴定和山东省农作物品种审定委员会审定。

［特征特性］ 该品种萌芽性较好，蔓长、茎粗中等，分枝数 5 ~ 6 个，顶叶淡紫色，成年

叶、叶脉和茎蔓均为绿色,叶片浅裂。薯形纺锤形,红皮橘红肉,结薯集中整齐,大中薯率较高。平均烘干率27.04%,平均淀粉率17.16%。薯块肉色美观漂亮,蒸煮后呈金黄色,食味好,其胡萝卜素含量为3.67毫克/100克鲜薯,还原糖和可溶性糖含量分别为5.62%和10.34%(干基),黏液蛋白为1.12%(鲜薯计),比对照遗字138高30.2%。抗根腐病和黑斑病,感茎线虫病。

[产量表现] 2010~2011年参加了国家区域试验,两年平均鲜薯产量2 014.6千克/亩,较对照徐薯22增产1.30%。2011年国家生产试验中,平均鲜薯产量2 382.0千克/亩,比对照徐薯22增产8.58%。

[种植密度及适宜地区] 每亩种植3 600~4 000株为宜,适宜在北方薯区的山东、河北、陕西、安徽等地种植。

2. 徐薯23(见彩图15)

[品种来源] 由徐州市农业科学研究所以P616-23为母本、烟薯27号为父本杂交选育而成,2005年通过江苏省农作物品种审定委员会审定。

[特征特性] 该品种萌芽性好,出苗快,薯苗健壮,采苗量较多,顶叶褐色,叶色绿,茎绿,叶脉紫色,叶尖心形或戟形,蔓长中等。栽插后还苗快,结薯集中,商品薯率高,薯块长纺锤形,薯皮黄红色,薯肉橘红色,鲜薯胡萝卜素含量为2.18毫克/100克,总可溶性糖为13.84%,粗蛋白质含量为6.91%,熟食味好,烘干率29.78%左右。黑斑病、根腐病抗性一般,不抗茎线虫病。

[产量表现] 2002~2003年参加江苏省甘薯区域试验,两年平均鲜薯产量为1 977.2千克/亩,比对照渝苏303增产9.1%;薯干产量595.4千克/亩,比对照渝苏303增产8.0%。2004年江苏省甘薯生产试验中,平均鲜薯产量2 528.8千克/亩,比对照渝苏303增产16.5%;平均薯干产量667.1千克/亩,比对照渝苏303增产22.6%。

[种植密度及适宜地区] 种植密度为每亩3 500~3 800株。该品种抗性一般,要采取综合措施抗旱、防治黑斑病和根腐病,不宜在茎线虫重病地种植。

3. 浙薯132(见彩图16)

[品种来源] 由浙江省农业科学院作物与核技术利用研究所以浙薯13×浙薯3481杂交选育而成,2007年分别通过全国甘薯品种鉴定委员会鉴定和浙江省非主要农作物品种认定委员会认定。

[特征特性] 该品种为优质食用型品种,顶叶色绿带紫,成叶绿色,叶脉紫色,茎色绿,叶片心形带齿,中蔓。薯块短纺锤形,红皮橘红肉,食味优,结薯集中、整齐,薯块萌芽性中等,生育期110天左右,夏(春)薯块烘干率29.14%。

[产量表现] 2004~2005年参加了国家长江流域甘薯品种区域试验,两年平均鲜薯产量1 966.27千克/亩,比对照南薯88减产12.87%;平均薯干产量572.42千克/亩,比对照南薯88减产5.90%。2006年参加了国家长江流域薯区生产试验,平均鲜薯产量2 179.83千克/亩,比对照南薯88减产0.01%;平均薯干产量684.61千克/亩,比对照南薯88增产11.05%。

[种植密度及适宜地区] 种植密度为每亩4 000株,适时收获,适宜在长江流域薯区的浙江、江西、湖北、江苏中南部等地作食用品种种植,不宜在薯瘟病区种植。

4. 遗字138(见彩图17)

［品种来源］ 系中国科学院遗传研究所1960年用亲本胜利百号×南瑞苕育成。

［特征特性］ 该品种顶叶、叶片、叶脉与柄基均为黄绿色，脉基带紫色，浅复缺刻叶，分枝数中等，匍匐型。薯块下膨纺锤形，无条沟，红褐皮，橘红肉。蔓中长，较细，种薯萌芽性良好，生长势中等，属春、夏薯型。结薯早，薯数多，薯块中等大小，耐肥、耐渍性较好，耐贮性中等。烘干率27%左右，薯肉含糖量较高，食味较好，适于鲜食和食品加工。为提高鲜食及烘烤品质，氮肥不宜多施。

［产量表现］ 一般鲜薯产量每亩2 500千克以上，据中国科学院遗传研究所品种比较试验，遗字138比胜利百号鲜薯增产33.2%。

［种植密度及适宜地区］ 春薯每亩种植3 300～3 500株，夏薯每亩种植3 500～4 000株，适宜北京、河北等地种植。

5. 西农431

［品种来源］ 由陕西省农业科学院培育的鲜食、烤薯型甘薯品种。

［特征特性］ 该品种叶片心脏形，叶色、叶脉、茎色均为绿色，中蔓，一般蔓长1.5米左右，基部分枝多。结薯早而集中，薯块纺锤形，表皮光滑，美观，薯皮橙黄色，肉色橘红，食味较甜，口感较好。熟后皮肉易分离，很适合烤薯和薯脯加工。抗涝渍，耐低温，高抗黑斑病，耐贮运。

［产量表现］ 该品种高产、早熟、品质较好，鲜薯产量春薯约4 000千克/亩，夏薯约3 000千克/亩。

［种植密度及适宜地区］ 春薯每亩种植3 000株左右，夏薯每亩种植3 000～3 500株，适宜河南、安徽、江苏、山东等地种植。

6. 岩薯5号(见彩图18)

［品种来源］ 由福建省龙岩市农业科学研究所以岩齿红×岩94－1为材料育成的食用型甘薯品种，1997年通过福建省农作物品种审定委员会审定，2000年通过江西省农作物品种审定委员会审定，2001年通过全国农作物品种审定委员会审定。

［特征特性］ 该品种顶叶紫，叶脉绿，叶形浅复缺刻，中粗、短蔓，分枝较多，株型半直立，茎叶生长势强。种薯发芽早，长苗快，单株结薯4～8个，结薯集中整齐，大中薯块占90%左右，薯块纺锤形，薯皮紫红色，薯肉橘红色，较耐贮藏。以鲜基计，100克鲜薯中含可溶性糖57.9毫克，胡萝卜素7.7毫克；以干基计，粗蛋白质4.38%，粗脂肪1.7%，磷0.084%，钾1.33%，食味软甜。薯块烘干率26%左右。耐旱，较耐水肥，适应性强，高抗蔓割病，不抗薯瘟病。

［产量表现］ 1994～1995年参加了福建省甘薯新品种区域试验，两年平均鲜薯产量、薯干产量分别为2 713.11千克/亩、709.33千克/亩，分别比对照新种花增产34.3%、31.1%，且均居参试品种首位。1999年参加了国家南方甘薯新品种区域试验，平均鲜薯、薯干产量分别为2 525千克/亩、636千克/亩，分别比对照金山57增产21.6%和17.6%，均居参试品种第二位。

［种植密度及适宜地区］ 每亩种植3 500～4 000株，减少入土节数或采用直播以利于提高大中薯率。适宜南方夏秋薯区非薯瘟病地种植。

（二）优质黄心甘薯品种

1. 心香（见彩图 19）

［品种来源］ 由浙江省农业科学院作物与核技术科学研究所和勿忘农集团有限公司以金玉（浙 1257）为母本、浙薯 2 号为父本杂交选育而成，2007 年通过浙江省农作物品种认定，2009 年通过全国甘薯品种鉴定委员会鉴定。

［特征特性］ 该品种中短蔓，叶片心形，顶叶、成熟叶、叶脉和茎均为绿色。薯形长纺锤形，紫红皮黄肉，结薯集中，薯干洁白平整品质好，食味好，耐贮藏。薯块大小较均匀，商品率高，"迷你型"商品薯率较高。平均烘干率 32.71%，比对照南薯 88 高 4.61%；平均淀粉率 22.10%，比对照南薯 88 高 4.01%。抗蔓割病，中感茎线虫病，感黑斑病。

［产量表现］ 2006～2007 年参加了国家长江流域薯区甘薯品种区域试验，2006 年平均鲜薯产量 2 040.8 千克/亩，比对照南薯 88 减产 9.29%；平均薯干产量 673.7 千克/亩，比对照南薯 88 增产 4.30%；平均淀粉产量 462.3 千克/亩，比对照南薯 88 增产 9.1%。2007 年平均鲜薯产量 2 121.6 千克/亩，比对照南薯 88 减产 0.63%；平均薯干产量 681.2 千克/亩，比对照南薯 88 增产 19.18%；平均淀粉产量 457.3 千克/亩，比对照南薯 88 增产 25.0%。2008 年国家生产试验平均鲜薯产量 2 199.9 千克/亩，比对照南薯 88 减产 7.53%；平均薯干产量 707.0 千克/亩，比对照南薯 88 增产 31.88%；平均淀粉产量 475.4 千克/亩，比对照南薯 88 增产 40.06%。

［种植密度及适宜地区］ 种植密度为每亩 4 000～5 000 株，90～120 天收获，适宜在浙江、江西、湖南、湖北、四川、重庆、江苏中南部等地种植。

2. 红东（见彩图 20）

［品种来源］ 由日本国家农业研究中心选育，是出口日本速冻薯块食用最受欢迎的品种。

［特征特性］ 该品种顶叶色绿，成熟叶绿，叶脉紫，茎绿带紫，叶片尖心形。出苗旺盛，茎叶生长势较强，蔓较长。薯皮色紫红，薯肉黄色，熟食面、甜、细，食味佳。烘干率较高，一般超过 30%。鲜薯产量在每亩 1 500 千克左右，容易感染病毒，感染病毒病后产量与品质严重退化，脱毒可恢复种性。

3. 徐 55－2

［品种来源］ 由江苏徐州甘薯研究中心用苏薯 6 号×萨摩光杂交选育而成。

［特征特性］ 该品种叶片心形、绿色，薯蔓生长势较强。薯皮紫红色，薯肉黄色，薯块纺锤形，薯皮光滑，薯形美观，大中薯率高，烘干率略高于徐薯 18，夏薯鲜产一般为 2 200～2 500 千克/亩。该品种熟食口感好，纤维少，耐贮性好，是比较突出的优质食用种，可用来进行高档商品薯开发。徐 55－2 出苗量中等，苗壮，较耐水肥，抗病性差，适宜在无病、土质疏松的农田种植。

4. 北京 553（见彩图 21）

［品种来源］ 由原华北农业科学研究所 1950 年从胜利百号开放授粉的杂交后代中选育而成。

［特征特性］ 该品种顶叶紫色，叶片浅裂复缺刻，叶片大小中等，叶脉淡紫，脉基和柄

基紫色，茎为紫红色。薯块长纺锤形至下膨纺锤形，薯皮黄褐色，薯肉杏黄色，萌芽性好，鲜薯产量较高。耐肥、耐湿性较强，耐旱、耐瘠，较抗茎线虫病，不抗根腐病、黑斑病，贮藏性较差，易感软腐病。薯块水分较大，蒸烤均可，生食脆甜多汁，烘烤食味软甜爽口，是加工薯脯的主要品种。

［产量表现］　一般春薯每亩产量3 000千克，夏薯每亩产量2 000千克。由于推广种植年限较长，生产上普遍退化严重，必须用脱毒种更换，经脱毒后，鲜薯产量可大幅度提高。北京553作为烘烤食用型品种，数十年长盛不衰，今后仍有较好的开发前景，在食用型品种中，该品种是当前国内栽培面积较大的鲜食品种。

［种植密度及适宜地区］　种植密度为春薯每亩3 000～3 500株，夏薯每亩4 000株左右，不宜在根腐病、黑斑病区种植。

5. 广薯87（见彩图22）

［品种来源］　由广东省农业科学院作物研究所以广薯69×广薯70－9等10个父本群体杂交选育而成，2006年分别通过国家甘薯品种鉴定委员会鉴定和广东省农作物品种审定。

［特征特性］　广薯87为半直立型甘薯品种，中短蔓，分枝数中等，顶叶绿色，叶脉浅紫色，茎为绿色，叶形深复。萌芽性好，苗期生长势旺。大中薯率高，薯形下膨，薯皮红色，薯肉橙黄色，薯身光滑美观，薯块均匀，熟食味香、口感好。夏（秋）薯干物率29.6%，淀粉率19.39%。耐贮藏，抗蔓割病。

［产量表现］　2004～2005年参加了国家南方甘薯品种区域试验，两年平均鲜薯产量2 387千克/亩，比对照种金山57增产5.18%；平均薯干产量711.9千克/亩，比对照金山57增产19.18%；平均淀粉产量402.9千克/亩，比对照金山57增产24.05%。在2005年国家南方甘薯品种生产试验中平均鲜薯产量2 614.3千克/亩，比对照金山57增产8.13%；平均薯干产量785.4千克/亩，比对照金山57增产33.27%。

［种植密度及适宜地区］　种植密度为每亩3 000～4 000株，适宜南方薯区的广东（不含湛江地区）、福建、江西、广西及海南等地种植。

（三）优良紫心甘薯品种

1. 宁紫薯1号

［品种来源］　由江苏省农业科学院粮食作物研究所用宁97－23开放授粉杂交选育而成，2005年通过国家甘薯品种鉴定委员会鉴定。

［特征特性］该品种叶片心脏形，叶片、叶脉、茎均为绿色，长蔓。薯块长纺锤形，紫红皮紫肉，薯块萌芽性好，夏薯薯块烘干率27.27%，花青素含量22.4毫克/100克鲜薯，总可溶性糖含量为5.6%。抗根腐病，不抗黑斑病。

［产量表现］　2003年参加全国特用组甘薯品种区域试验，平均鲜薯每亩产量1 653.4千克，比对照徐薯18增产16.3%；平均薯干每亩产量440.6千克，比对照徐薯18增产6.62%。2004年参加了国家长江流域薯区甘薯品种区域试验，平均鲜薯产量957.67千克/亩，比对照南薯88减产6.0%；平均薯干产量633.95千克/亩，比对照南薯88增产1.0%。2004年参加国家生产试验，平均鲜薯产量1 932.3千克/亩，比对照徐薯18增产6.85%；平均薯干产量523.3千克，比对照徐薯18增产7.35%。

[种植密度及适宜地区]　春薯每亩种植 3 300 ~ 3 500 株，夏薯每亩种植 3 500 ~ 3 800 株。适宜在江苏、河北、山东、湖北、湖南、广东、广西等地无茎线虫病区作紫肉食用型甘薯品种种植。

2. 浙紫薯 1 号（见彩图 23）

[品种来源]　由浙江省农业科学院作物与核技术科学研究所以宁紫薯 1 号 × 浙薯 13 杂交选育而成，2011 年通过浙江省农作物品种审定。

[特征特性]　该品种萌芽性好，中蔓，分枝多，茎蔓中等粗，叶片三角形带齿，顶叶淡紫色，成年叶绿色，叶脉淡紫色，茎蔓绿色带紫。薯块长纺锤形，紫皮紫肉，薯皮光滑美观，熟食味面、较甜，食味较好，花青素含量为 16.58 毫克/100 克鲜薯，结薯集中整齐，大中薯率低，较耐贮。高抗茎线虫病，抗根腐病和蔓割病，中抗黑斑病。

[产量表现]　2008 ~ 2009 年北方区域试验组平均鲜薯产量 1 557.7 千克/亩，较徐薯 18 减产 22.30%；平均薯干产量 499.4 千克/亩，较对照徐薯 18 减产 11.82%，平均烘干率 32.96%，较对照高 5.55%。

[种植密度及适宜地区]　种植密度春薯为每亩 3 000 ~ 3 300 株，夏薯为每亩 3 300 ~ 4 000株，适宜在浙江、江苏、山东、重庆等地种植。

3. 烟紫薯 1 号

[品种来源]　由山东省烟台市农业科学研究院以烟紫薯 80 开放授粉杂交选育而成，2005 年通过国家甘薯品种鉴定委员会鉴定。

[特征特性]　该品种为多抗紫肉食用型品种，顶叶淡绿色，叶绿色，叶脉深紫，蔓长中等，茎绿带紫，分枝数 5.8 个。单株结薯数 3 个，大中薯率 80% 左右，薯形中膨筒形，薯皮紫色，薯肉紫色，色泽均匀，烘干率为 28.5%，花青素含量为 31.90 毫克/100 克鲜薯，熟食味中等。抗黑斑病、茎线虫病、根腐病。

[产量表现]　2002 ~ 2002 年参加了国家长江流域薯区甘薯品种区域试验，平均鲜薯产量每亩 1 483.5 千克，比对照徐薯 18 减产 8.4%；平均薯干产量每亩 428.3 千克，比对照徐薯 18 减产 9.1%。2004 年国家生产试验中鲜薯产量每亩 2 108.63 千克，比对照徐薯 18 增产 15.3%；薯干每亩产 642.5 千克，比对照徐薯 18 增产 12.2%。

[种植密度及适宜地区]　一般每亩宜种植 4 000 株左右，适宜在山东、福建、河南、江苏、湖南、广西、广东等地作紫肉食用型甘薯品种种植。

4. 渝紫 7 号（见彩图 24）

[品种来源]　由西南大学以日紫 13 开放授粉选育而成。

[特征特性]　该品种中长蔓，叶片缺刻，顶叶、成年叶、叶脉均为绿色，茎蔓绿色带紫。薯块纺锤形，紫红皮紫肉，结薯集中，薯块较整齐，单株结薯 3 个左右，大中薯率高，薯块粗蛋白质含量较高，花青素含量 17.85 毫克/100 克鲜薯，食味中等，耐贮。平均烘干率 29.53%，比对照高 5.40%；平均淀粉率 19.33%，比对照高 4.69%。抗茎线虫病，感根腐病和黑斑病。

[产量表现]　在 2010 ~ 2012 年的国家区域试验中，平均鲜薯产量 1 581.7 千克/亩，比对照宁紫薯 1 号增产 22.97%；平均薯干产量 452.6 千克/亩，较对照宁紫薯 1 号增产 43.47%。

(四)高产、早熟、早上市优良甘薯品种

1. 龙薯9号(见彩图25)

[品种来源] 系福建省龙岩市农业科学研究所以岩薯5号为母本、金山57为父本杂交选育而成,2004年通过福建省农作物品种审定委员会审定。

[特征特性] 该品种顶叶绿,叶脉基及柄基均为淡紫色,叶色淡绿,短蔓,茎粗中等,分枝性强,株型半直立。薯块短纺锤形,红皮橘红肉,大中薯率高,结薯集中,整齐光滑,口味甜糯,是一个食用烘烤的上等品种。耐旱、耐涝、耐瘠薄、耐寒性较强,高抗蔓割病,高抗甘薯瘟病Ⅰ型群,适应性广。

[产量表现] 2001~2002年参加了福建省甘薯新品种区域试验,两年平均鲜薯产量3 786.85千克/亩,比对照金山57增产47.62%;薯干产量805.3千克/亩,比对照金山57增产20.28%,薯块烘干率为22%左右。

[种植密度及适宜地区] 龙薯9号丰产性好、结薯早,收获期比同期栽培的甘薯可提前15天以上,适期早插合理密植,种植密度为每亩3 500~4 000株。适宜在河北、山东、河南等地种植。

2. 苏薯8号(见彩图26)

[品种来源] 由江苏省南京市农业科学研究所以苏薯4号×苏薯1号杂交选育而成。

[特征特性] 该品种短蔓半直立型,分枝较多,叶片复缺刻形,顶叶绿色,叶脉紫色。结薯早而集中,大薯率和商品薯率高,薯皮红色,薯肉橘红,平均烘干率21.8%,食味一般,适宜食用及食品加工。抗旱性强,高抗茎线虫病和黑斑病,不抗根腐病。

[产量表现] 在江苏省区域试验中鲜薯产量较徐薯18增产达30%以上,春、夏薯高产田每亩鲜薯产量分别达4 000千克、3 000千克以上。

[种植密度及适宜地区] 种植密度为每亩3 500~4 000株,适宜在江苏、河南、河北、安徽等地无根腐病薯区作春、夏薯种植。

3. 郑红21

[品种来源] 由河南省农业科学院粮食作物研究所以豫薯13×豫薯11杂交选育而成。

[特征特性] 该品种顶叶淡绿色,叶、叶脉、茎均为绿色,叶片心形带齿,中短蔓,分枝多,茎较细。薯形纺锤形,紫红皮橘红肉,结薯集中,大中薯率高,平均烘干率24.0%,食味中等,萌芽性一般。高抗根腐病,抗茎线虫病和黑斑病。

[产量表现] 在2006年国家北方区域试验中,鲜薯平均产量为2 619.2千克/亩,较对照豫薯13增产30.7%,薯干较对照豫薯13增产9.3%。

[种植密度及适宜地区] 种植密度为每亩4 000株左右,适宜在北方各省、市薯区推广种植。

4. 普薯23号

[品种来源] 由广东省普宁市农业科学研究所以广薯87-58×普薯17-1杂交选育而成,1997年通过广东省农作物品种审定委员会审定,2002年通过全国农作物品种审定委员会审定。

［特征特性］ 该品种株型半直立,叶片尖心形,中等大小,顶叶紫色,叶脉绿色,茎紫色、较细,短蔓。薯块下膨纺锤形,薯皮土黄色,薯肉黄色,食味甜,薯形美观光滑,商品薯率高,耐贮性与萌芽性好,早熟,一般 25 ~ 30 天开始结薯。烘干率 29.25%,淀粉率 18.07%。大田抗薯瘟病,室内接种鉴定为高感薯瘟病Ⅰ型群,中感薯瘟病Ⅱ型群,中感蔓割病。

［产量表现］ 1999 ~ 2000 年参加了国家南方甘薯品种区域试验,两年鲜薯平均每亩产量 2 017 千克,较对照广薯 88 - 70 增产 77.44%。

［种植密度及适宜地区］ 普薯 23 号每亩栽插 4 000 株左右,适宜在广东、广西、福建、江西等地种植。

5. 郑薯 20(见彩图 27)

［品种来源］ 由河南省农业科学院粮食作物研究所、河南省襄城县名优甘薯开发保鲜科研所从苏薯 8 号的芽变中选育而成,2007 年通过国家甘薯品种鉴定委员会鉴定。

［特征特性］ 该品种萌芽性中等,中短蔓,分枝较多,茎较粗,叶片深裂复缺刻,顶叶色绿带紫边,叶色绿,叶脉色紫,茎绿色。薯块纺锤形,薯皮黄色,薯肉橘红色,结薯集中性一般,单株平均结薯 5.4 个,大中薯率高,烘干率 21.6%,食味中等。中抗黑斑病和茎线虫病,感根腐病。

［产量表现］ 2004 ~ 2005 年参加了北方薯区全国甘薯品种区域试验,平均鲜薯产量 2 649.3 千克/亩,比对照徐薯 18 增产 39.37%;平均薯干产量 571.0 千克/亩,比对照徐薯 18 增产 9.33%。在 2006 年国家生产试验中平均鲜薯产量 2 487.4 千克/亩,比对照徐薯 18 增产 29.6%;平均薯干产量 594.7 千克/亩,比对照徐薯 18 增产 11.5%。

［种植密度及适宜地区］ 一般种植密度春薯为每亩 3 000 ~ 3 500 株,夏、秋薯为每亩 3 500 ~ 4 000 株。成熟早,可作双季栽培。适宜在河南、河北、山东、北京、陕西、江苏北部和安徽中北部等地种植,不宜在根腐病地块种植。

三、特色专用型优良甘薯品种

特色专用型甘薯品种分为色素提取(或全薯粉、饮料等食品)、加工专用型两种类型品种。

(一) 高花青素优良甘薯品种

1. 日本绫紫(见彩图 28)

［品种来源］ 是由日本九州冲绳农业研究中心以九州 109 × 萨摩光杂交选育而成的高花青素含量品种。

［特征特性］ 该品种顶叶紫红,叶脉绿色,叶片浅缺刻,茎绿色带浅紫,萌芽性中等。薯皮黑紫色,薯肉深紫色,花青素含量最高可达 160 毫克/100 克鲜薯,是目前国内提取天然食用色素和加工紫薯全粉的理想原料,鲜食口感好,熟食味干面、较甜,淀粉含量高,耐贮藏,且贮藏后品质更好。贮藏后发现感黑斑病,其他病未做抗性鉴定。

［产量表现］ 春薯生长期 150 ~ 180 天,每亩鲜薯产量 2 000 千克以上;夏薯生长期 130 ~

140 天，每亩鲜薯产量 1 300 ~ 1 500 千克。脱毒后可增产 30% 左右。应培育无病壮苗与无病地繁种防治黑斑病，育苗时可用 50% 多菌灵可湿性粉剂 300 ~ 500 倍液浸种。

2. 济黑 1 号(见彩图 29)

[品种来源]　由山东省农业科学院作物研究所选育而成。

[特征特性]　该品种顶叶、叶片均为绿色，苗期带褐边，叶脉绿色，叶片心形，中长蔓，蔓粗中等，蔓绿色。薯块下膨纺锤形，薯皮黑紫色，薯肉呈均匀的黑紫色，花青素含量 90 ~ 126 毫克/100 克鲜薯，萌芽性中等，结薯早而集中，中期膨大快，膨大期比绫紫提前 20 ~ 30 天，耐贮性好。烘干率 36% ~ 40%，口感好，鲜薯蒸煮后粉而糯，有玫瑰清香，风味独特，薯皮较绫紫光滑，加工时比绫紫易脱皮，适合企业提取色素、加工紫薯全粉及保健鲜食用甘薯种植。抗根腐病、黑斑病，感茎线虫病，耐旱，耐瘠。

[产量表现]　一般春薯鲜薯产量 1 500 ~ 2 000 千克/亩，夏薯鲜薯产量 1 200 ~ 1 500 千克/亩。

[适宜地区]　适宜土壤透气性好的丘陵、平原旱地种植。

3. 徐紫薯 3 号(徐 13 - 4)

[品种来源]　由江苏徐州甘薯研究中心以绫紫 × 徐薯 18 杂交选育而成，2011 年通过国家甘薯品种鉴定委员会鉴定。

[特征特性]　该品种萌芽性好，中短蔓，叶片中裂，顶叶紫色，成熟叶深绿色，叶脉紫色，茎蔓绿色带紫。薯块长纺锤形，紫皮紫肉，薯块烘干率 34.99%，较对照高 7.58%，花青素含量为 34.33 毫克/100 克鲜薯，结薯集中整齐，食味中等，耐贮。抗茎线虫病和黑斑病，中抗根腐病和蔓割病。

[产量表现]　2008 ~ 2009 年参加了国家甘薯特用组品种区域试验，2008 年平均鲜薯产量 1 627.7 千克/亩，对比照徐薯 18 减产 19.57%；平均薯干产量 565.9 千克/亩，比对照徐薯 18 增产 0.66%。2009 年平均鲜薯产量 1 619.0 千克/亩，比常规对照徐薯 18 减产 22.65%；平均薯干产量 570.5 千克/亩，比常规对照徐薯 18 增产 0.76%。2010 年参加国家生产试验，平均鲜薯产量 1 686.8 千克/亩，比对照徐薯 18 减产 10.53%；平均薯干产量 594.2 千克/亩，比对照徐薯 18 增产 15.97%；平均淀粉产量 409.5 千克/亩，比对照徐薯 18 增产 24.28%。

[种植密度及适宜地区]　种植密度为每亩 3 000 ~ 3 500 株，适宜在江苏北部、山东、河南、湖南、海南、广东等地种植。不宜在根腐病和蔓割病重发地块种植。

4. 烟紫薯 2 号(烟紫薯 176)

[品种来源]　由山东省烟台市农业科学研究院以日本品种种子岛紫开放授粉杂交选育而成，2009 年通过国家甘薯品种鉴定委员会鉴定。

[特征特性]　该品种中长蔓，茎中等粗，叶片心形，顶叶、成年叶色绿，叶脉紫色，茎色紫。薯块长纺锤形，紫红皮紫肉，结薯较整齐集中，较耐贮，花青素含量 37.2 毫克/100 克鲜薯，薯块烘干率 31.6%，比对照徐薯 18 高 3.9%。抗茎线虫病，中抗根腐病和黑斑病。

[产量表现]　2006 ~ 2007 年参加了国家甘薯品种特用组区域试验。鲜薯平均产量 1 699.8 千克/亩，较对照徐薯 18 减产 22.7%；薯干平均产量 535.5 千克/亩，较对照徐薯 18 减产 15.5%。2008 年国家生产试验平均鲜薯产量 1 825.4 千克/亩，比对照徐薯 18 减产

4.58%；平均薯干产量564.8千克/亩，比对照徐薯18增产3.64%。

［种植密度及适宜地区］ 烟紫薯2号出苗稍晚，应提早育苗，高温催芽，种植密度为每亩3 000～4 000株，适宜在北方甘薯区作花青素品种种植。

（二）高胡萝卜素色素提取加工型品种

1. 维多丽

［品种来源］ 由河北省农业科学院粮油作物研究所以冀薯4号放任授粉杂交选育而成，2009年通过国家甘薯品种鉴定委员会鉴定。

［特征特性］ 该品种叶片心形带齿，叶、叶脉和茎均为绿色，中长蔓，薯形下膨纺锤形，橙黄皮橘红肉，结薯整齐集中，食味中等。平均烘干率25.8%，平均胡萝卜素含量15.1毫克/100克鲜薯。抗根腐病，中抗茎线虫病和黑斑病，高感蔓割病，综合评价抗病性一般。

［产量表现］ 2006～2007年参加了国家特用甘薯品种区域试验，两年平均鲜薯产量1 688.5千克/亩，较平均对照徐薯18减产22.8%；平均薯干产量436.4千克/亩，较对照徐薯18减产27.7%。2008年参加了国家特用甘薯品种生产试验，平均鲜薯产量1 835.2千克/亩，比对照徐薯18减产4.85%。

［种植密度及适宜地区］ 种植密度为3 000～4 000株/亩，适宜在北方甘薯区作胡萝卜素品种种植。

2. 徐22－5（见彩图30）

［品种来源］ 由江苏徐州甘薯研究中心从杂交组合lo323×also122－2中选育而出的高胡萝卜素型食用甘薯品种。

［特征特性］ 该品种橘黄色薯皮，胡萝卜素含量约15毫克/100克鲜薯，远高于一般橘红肉品种的含量，产量中等，烘干率与徐薯18相当，适量食用可增加人体的胡萝卜素摄取、增强体质、预防维生素A缺乏症，还适合用来加工油炸薯片、烘烤、蒸煮食用。

3. 浙薯81

［品种来源］ 由浙江省农业科学院作物与核技术利用研究所以浙73半2×花G－2杂交选育而成，2011年通过国家甘薯品种鉴定委员会鉴定。

［特征特性］ 该品种中长蔓，分枝数6～7个，茎蔓较粗，叶片心形带齿，顶叶和成年叶均为绿色，叶脉淡紫色，茎蔓绿色带紫。薯形长纺锤形，紫红皮橘红肉，结薯较集中，薯块较整齐，食味中等，较耐贮。薯块平均烘干率23.88%，平均胡萝卜素含量16.03毫克/100克鲜薯。抗茎线虫病和黑斑病，中抗根腐病，中感蔓割病。

［产量表现］ 2008～2009年参加了国家甘薯特用组区域试验，2008年平均鲜薯产量1 541.6千克/亩，比常规对照徐薯18减产20.62%；平均薯干产量378.3千克/亩，比常规对照徐薯18减产28.15%。2009年平均鲜薯产量1 711.1千克/亩，比常规对照徐薯18减产16.91%；平均薯干产量405.8千克/亩，比常规对照徐薯18减产26.59%。2010年参加国家生产试验，平均鲜薯产量1 993.0千克/亩，比对照徐薯18增产6.35%；平均薯干产量494.3千克/亩，比对照徐薯18减产7.58%；平均淀粉产量303.3千克/亩，比对照徐薯18增产12.36%。

［种植密度及适宜地区］ 种植密度为每亩3 000～3 500株，适宜在湖南、河南、山东、海南等地作高胡萝卜素专用品种种植，不宜在根腐病和蔓割病重发地块种植。

四、叶菜用型品种

叶菜用甘薯是指茎尖适合作为蔬菜的甘薯品种，叶菜用品种茎尖营养丰富，耐刈割，无苦涩，食味好。

1. 福薯7－6

［品种来源］ 由福建省农业科学院耕作所以“白胜”计划集团杂交选育而成，2003年通过福建省农作物品种审定委员会审定，2005年通过国家甘薯品种鉴定委员会鉴定。

［特征特性］ 该品种叶片心脏形，顶叶、叶、叶脉及叶柄均为绿色，短蔓，茎绿色，基部淡紫色，基部分枝10个，株型半直立。薯块纺锤形，粉红皮橘黄肉，结薯性好，薯块萌芽性好。鲜嫩茎叶（鲜基）维生素C含量14.87毫克/100克，水溶性总糖（鲜基）0.06%，粗蛋白质（干基）30.8%，粗脂肪（干基）5.6%，粗纤维（干基）14.2%，茎叶食味优良。抗疮痂病，不抗蔓割病。

［产量表现］ 2003～2004年参加国家甘薯叶菜型新品种区域试验，两年平均茎尖产量1 335.25千克/亩，比对照台农71减产0.87%。2004年参加国家生产试验，平均茎尖产量1 754.2千克/亩，比对照增产14.8%。

［种植密度及适宜地区］ 畦作，株行距20厘米×18厘米，每亩种植1.8万株左右，返苗后打顶“促进分枝”，春、夏季种植要注意及时采摘和浇水保湿，秋、冬季种植要注意盖膜保温，宜在福建、北京、河南、江苏、四川、广东和广西等地非蔓割病重发区作叶菜用品种种植。

2. 台农71

［品种来源］ 由台湾地区农业科学所选育而成，是台湾地区菜用型甘薯的主栽品种。

［特征特性］ 该品种茎叶嫩绿色，无茸毛，叶柄短，茎尖突出，短蔓半直立性，分枝能力强，一般分枝可达十几个，茎叶再生能力强，喜好肥水及高温，薯皮白色，薯肉淡黄色，薯块产量低，通常采集约10厘米长茎尖做菜用，可循环采摘（见彩图31）。食味优于木耳菜及空心菜，口感鲜嫩滑爽，既可炒食又可凉拌，营养丰富，茎尖每百克鲜重含维生素C 35.32毫克、维生素B 10.12毫克及部分磷、钙、铁等物质，且生长期间极少发生病虫害，是天然无污染的绿色蔬菜。

3. 福薯10号

［品种来源］ 福建省农业科学院耕作所以福薯7－6×台农71杂交选育而成，2008年通过福建省农作物品种审定委员会审定。

［特征特性］ 该品种叶片心形，叶、顶叶、叶脉、茎、叶柄均为绿色，薯形桶状，薯皮白色，薯肉白色。茎尖表现无茸毛，开水烫后颜色为淡绿至绿色，食味接近对照种福薯7－6，有香味、无苦略甜，有滑腻感。中抗根腐病、黑斑病，感蔓割病。

［产量表现］ 2005～2006年参加了国家叶菜型甘薯新品种区域试验。两年平均茎尖产量1 709.2千克/亩，比对照增产6.0%，其中福建点茎尖产量2 769.2千克/亩。2007年参加了福建省生产试验，平均茎尖产量2 078.6千克/亩，比对照福薯7－6增产4.7%。

［栽培措施］ 栽培上应注意防治蔓割病，适当密植，选择当气温稳定在15℃时进行种

植,茎叶菜用平畦种植,畦宽 1.2 米左右,株行距 17 厘米 ×20 厘米左右,种植密度 1.6 万 ~ 2.2 万株/亩。垄畦留种用种植密度为 4 000 株/亩,畦高 15 ~20 厘米。扦插 3 天内每天浇水 1 次,保证水分充足。返苗后 10 天左右追肥 1 次,一般浇施尿素 5 千克/亩,25 天左右可进行第一次采摘,采摘标准茎尖 15 厘米以内鲜嫩可食茎叶,采摘后即进行修剪保证分枝,并浇水至土壤湿润。此后 10 天左右可采收 1 次,每采摘两次后追肥 1 次,浇施尿素 5 千克/亩。及时防治害虫,尤其要注意防治斜纹叶蛾、红蜘蛛等叶片害虫的危害。

4. 福菜薯 18 号

[品种来源] 由福建省农业科学院作物研究所以泉薯 830 × 台农 71 杂交选育而成,2011 年通过国家甘薯品种鉴定委员会鉴定。

[特征特性] 该品种萌芽性好,短蔓,叶片心形带齿,顶叶、成叶、叶脉、叶柄、茎蔓均为绿色。薯块下膨纺锤形,黄皮淡黄肉,结薯性一般,茎尖食味较好。耐湿耐水肥,抗蔓割病,中抗根腐病、茎线虫病,感黑斑病。

[产量表现] 2008 ~2009 年参加了国家甘薯菜用型品种区域试验,2008 年平均茎尖鲜产 2 690.9 千克/亩,比对照福薯 7 -6 增产 24.6%;2009 年平均茎尖鲜产 3 158.2 千克/亩,比对照福薯 7 -6 增产 23.6%。2010 年参加了生产试验,平均茎尖鲜产 3 180.6 千克/亩,比对照福薯 7 -6 增产 26.1%。

[栽培措施] 在排灌水良好、肥力中上的田块栽培,平畦种植行距 20 厘米 ×10 厘米,密度为 2 万株/亩左右,垄畦留种用密度 4 000 株/亩左右,栽后 30 天左右采摘,每条分枝采摘时应留有 1 ~2 个节,平畦种植凡达到长度的嫩茎叶均可采收,薯菜两用种植应留主蔓,且酌情控制采摘量。

[适宜地区] 适宜在福建、广东、广西、浙江、重庆、四川、河南、江苏、山东等地作叶菜用品种种植。

5. 泉薯 830

[品种来源] 由福建省泉州市农业科学研究所以龙薯 34 × 泉薯 95 杂交选育而成,2006 年通过国家甘薯品种鉴定委员会鉴定。

[特征特性] 该品种短蔓较直立,顶叶、嫩叶、叶柄、叶脉均为绿色,叶片尖心形带齿,地上部生长旺盛,基部分枝多,叶片多且肥厚,鲜叶片蛋白质含量 4.25%,茎秆蛋白质含量 1.13%,茎尖食味较好。薯块长纺锤形,淡黄皮黄红肉,薯块产量较高。抗根腐病,高感茎线虫病,中抗蔓割病,不抗薯瘟病和病毒病。

[产量表现] 2003 ~2004 年两年平均茎尖产量每亩 1 641.52 千克,比对照台农 71 增产 21.87%。2005 年参加了国家甘薯菜用品种生产试验,平均茎尖产量每亩 1 916.10 千克,比对照福薯 7 -6 增产 12.36%。

[种植密度及适宜地区] 泉薯 830 萌芽性好,育苗应及时移栽,蔬菜专用每亩种植 1.3 万 ~1.7 万株,薯菜两用每亩种植 5 000 ~6 000 株。注意防治甘薯蔓割病、薯瘟病和病毒病发生危害。可在福建、广东、广西、江苏、四川、河南、北京作叶菜用品种种植。

五、抗多病、抗灾、兼饲用型品种

主要是指具有抗多种病虫害、抗灾，有特殊抗性和特种用途等的品种。

1. 鲁薯3号（烟薯13号）

［品种来源］ 由山东省烟台市农业科学研究所用徐薯18×美国红杂交选育而成，1989年通过山东省农作物品种审定委员会审定。

［特征特性］ 该品种顶叶与地上部茎叶均为绿色，叶片心脏形、较大，叶柄较长，茎端茸毛多，茎较粗，中蔓型，基部分枝多。薯皮紫红色，薯肉白色，薯块纺锤形，薯块萌芽性好，出苗数量较多，苗粗壮，栽后返苗快，分枝封垄早，田间长势强，蔓叶增重快，薯块后期膨大快。薯块烘干率25.9%，薯干淀粉含量63.39%，可溶性糖7.82%，粗蛋白质4.78%，粗纤维4.28%。茎叶增重快，茎叶产量较徐薯18高57.0%，具有较高的饲用价值。茎叶蛋白质含量较高，茎、叶粗蛋白质含量分别为10.89%和26.02%。抗茎线虫病、根腐病、黑斑病、根结线虫病，抗旱、耐瘠性强，耐贮藏，但耐涝性差。

［产量表现］ 在无病地种植其产量与徐薯18差不多，但在根腐病、黑斑病混合发生地种植，鲁薯3号的薯干产量增产28.1%。

［种植密度及地区］ 一般种植密度为每亩4 000株左右，适合丘陵山区有一种或多种病害同时发生的田地栽种。

2. 苏薯9号

［品种来源］ 由江苏省农业科学院粮食作物研究所以苏薯2号×济薯10号杂交选育而成的食、饲兼用型品种，2001年通过国家品种审定委员会审定。

［特征特性］ 该品种顶叶、叶脉、叶、茎均为绿色，叶片心脏形，中长蔓。薯形下膨纺锤形，薯皮红色，薯肉白色，结薯整齐，结薯早，商品薯率高。薯块烘干率26.31%，淀粉率16.55%。薯块粗蛋白质6.88%，茎叶粗蛋白质含量14.1%，属粮、饲、工业原料兼用型甘薯品种。高抗根腐病，抗茎线虫病，中抗黑斑病，耐旱性强。

［产量品质］ 1998～1999年参加了国家北方甘薯品种区域试验，平均鲜薯、薯干产量每亩分别为2 306千克和613.7千克，分别比对照徐薯18增产25.8%和10.9%。2000年国家生产试验，平均鲜薯、薯干产量每亩分别为2 360千克和617.3千克，分别比对照徐薯18增产33.1%和21.3%。

［种植密度及适宜地区］ 春薯每亩种植密度为3 300～3 500株，夏薯每亩种植密度为3 500～3 800株，适宜北方春夏薯区种植。

3. 南薯99

［品种来源］ 由四川省南充市农业科学研究所以潮薯1号×红皮早杂交选育而成的食、饲兼用型品种，1999年通过四川省农作物品种审定委员会审定，2003年通过国家甘薯品种鉴定委员会鉴定。

［特征特性］ 该品种顶叶色绿边带褐，成熟叶绿色，叶片尖心脏形，大小中等，叶脉、脉基为紫色，株型匍匐，蔓为绿色，蔓长中等。薯块长纺锤形，薯皮紫红色，薯肉淡黄色，结薯

早，整齐集中，耐贮藏。每 100 克鲜薯含维生素 C 34.3 毫克、可溶性糖 4.6 克，熟食味香甜，纤维较少。薯块烘干率 28.13% ~29.67%，淀粉率 13.8% ~15.44%。中抗黑斑病，耐旱、耐瘠、耐肥性强。

[产量表现] 2000 ~2001 年参加了国家长江流域薯区区域试验，两年平均每亩鲜薯、薯干产量分别为 2 491.5 千克、659.5 千克，分别比对照南薯 88 增产 15.52%、12.82%。2002 年在国家长江流域生产试验中，平均鲜薯产量 2 693.8 千克/亩，比对照南薯 88 增产 12.9%；平均薯干产量 844.05 千克/亩，比对照增产 10.0%。

[种植密度及适宜地区] 一般净作或间套种，种植密度为每亩种植 4 000 株左右，适宜在长江流域薯区作春夏薯种植。

4. 农大 22

[品种来源] 由中国农业大学从江苏省徐州甘薯研究中心提供的徐薯 18 × 宁薯 2 号杂交种子后代中选育而成。

[特征特性] 该品种顶叶绿色，叶片心脏形、淡绿色、较大，叶脉紫色，叶柄基部褐色，茎绿带紫色，茎端多茸毛，茎粗、蔓长中等。薯皮色红黄不匀，肉色淡黄，薯块纺锤形带条沟，薯块萌芽性好，长势强，结薯块较大，上薯率高，单株结薯 5 个左右，薯块烘干率 26% ~28%，贮藏性好，但遇窖温偏高时容易发芽。由于薯块和茎叶中粗蛋白质含量较高，干茎叶中粗蛋白质含量达 24% 以上，可用作饲料品种。高抗根腐病，较抗线虫病，不抗黑斑病。

[产量表现] 鲜薯产量春薯比对照种徐薯 18 增产 10% 左右，夏薯比徐薯 18 增产 15% ~26%。

5. 绵薯 4 号

[品种来源] 由四川省绵阳市农业科学研究所用徐薯 18 作母本、绵粉 1 号作父本选育而成的食、饲兼用型品种，1996 年通过四川省农作物品种审定委员会审定。

[特征特性] 该品种中蔓型，顶叶紫色，成熟叶绿色，叶片心脏形带齿，叶脆嫩，再生能力强，是优良的青饲料。薯块纺锤形，薯皮、薯肉均为淡黄色，粗蛋白质含量 1.62%，每百克鲜薯胡萝卜素 2.92 毫克，薯块耐贮藏。平均薯块烘干率 27%，出粉率 14% ~15%。耐旱耐瘠。

[产量表现] 1993 ~1994 年参加了四川省甘薯区域试验，平均每亩分别产鲜薯和藤叶 2 087.65 千克、1 609.48 千克，分别比对照南薯 88 增产 7.76% 和 20.15%。

[种植密度及适宜地区] 一般种植密度为每亩 3 500 ~4 000 株。适宜在四川、重庆、湖北、湖南等地种植。

6. 湘农黄

[品种来源] 由湖南省农业科学院于 1957 年用母本胜利百号 × 南瑞苕杂交选育而成。

[特征特性] 顶叶绿色，叶片浓绿，叶脉紫，脉基绿带紫色，叶片心脏形带齿，叶较大，蔓短粗，中下部分绿带紫色，幼苗期生长较慢，生长后期有早衰现象。薯块下膨纺锤形，薯皮光滑，皮黄色略带淡红，肉色橘红，薯块萌芽性中等，出苗数不多，结薯早而集中，单株薯数多，薯块较大、食味好，适于烘烤，耐贮藏，不耐旱而较耐肥。烘干率 33% 左右。该品种主要特点是抗甘薯瘟病、疮痂病、黑斑病 3 种病害，是目前国内稀有的抗薯瘟病品种。

[产量表现] 一般比胜利 100 号增产 25% 以上，高产田块每亩鲜薯产量可达 4 000 千克。

［种植密度及适宜地区］　夏薯密度为每亩4 000～5 000株，秋薯可以增加到5 000～6 000株，生长后期为防止早衰应增施追肥。适宜南方秋薯或间套作栽培。

7. 鲁薯2号

［品种来源］　由山东省烟台市农业科学研究所育成，1986年通过山东省农作物审定委员会审定。

［特征特性］　该品种最大优点是结薯早、耐寒性强，曾在内蒙古自治区的呼和浩特、包头、集宁等高寒地区（海拔1 420米）种植成功，每亩产鲜薯达1 500～3 000千克，把甘薯种植的界限向北推移到北纬42°，受到国家农业部和国际马铃薯中心的重视。薯块品质好、甜度高，每100克鲜薯含维生素C 20.56毫克，薯皮紫红色，薯肉黄色，薯块整齐、美观，干物率28.5%。抗根结线虫病和茎线虫病。

［产量品质］　山东省区域试验结果表明，鲁薯2号鲜薯产量比徐薯18增产18.6%。

［适宜地区］　可作为食用、加工用品种在山东、河北、内蒙古等地推广。

8. 豫薯10号

［品种来源］　由河南省商丘市农业科学研究所以红旗4号×商丘19－5杂交选育而成，1996年通过河南省农作物品种审定委员会审定。

［特征特性］　①抗“三病”。高抗茎线虫病、根腐病，中抗黑斑病。②可救灾。该品种结薯早、生长快，生长80天，每亩产量可达3 000千克，可作早上市品种。秋作物遭遇自然灾害播种其他作物已晚时，栽种此品种仍可获得较高的产量，如7月20日以前栽种，在长城以南地区每亩产量仍可达3 000千克，是当前国内应急救灾难得的品种。该品种之所以能够特高产，其主要生理基础是根系吸收能力强，净光合效率高。据测定，豫薯10号根系的吸收活力比徐薯18高44.6%，光合速率比徐薯18高211.5%～225%，收获指数比徐薯18高115%。③可做菜。该品种红皮红肉，虽熟食味欠佳，但由于含水多、生食脆、味较淡，薯块可做菜用，薯丝可炒、可焯后凉拌，亦可切块做火锅用菜。

［产量表现］　平均每亩鲜薯产量春薯约7 000千克，夏薯约4 000千克，参加河南省连续3年区域试验，平均比徐薯18增产115.28%，为迄今国内外鲜薯单产之最。

［种植密度及适宜地区］　豫薯10号蔓短，适宜密植，每亩种植密度春薯为3 500～4 000株，夏秋薯为4 000～4 500株。适宜在河南省各地种植。

第二节

培育无病壮苗

甘薯育苗是甘薯生产中的首要环节。只有适时育足苗壮苗，才能实现适时早栽、一茬栽齐、苗全、苗匀、苗壮的目标要求，打下良好的高产基础。

壮苗标准是:叶色青绿,舒展叶7~8片,叶大、肥厚,顶部三叶齐平;茎节粗短,根原基大,茎韧不易折断(折断有较多的白浆流出),苗高23厘米左右;苗龄30~35天,茎粗约5毫米;苗茎上没有气生根,没有病斑;百株苗重750~1 000克;薯苗不带病虫害。

一、甘薯的萌芽习性及薯苗生长需要的条件

(一)甘薯的萌芽习性及影响因素

薯块具有很强的发芽特性,只要具备萌芽所需要的条件时,就能够萌芽生长。薯块的不定芽是从不定芽原基萌发而来,在薯块膨大过程中就已经分化形成,成为潜伏状态,因此叫潜伏芽。薯块不定芽原基的数量及其萌芽习性差异很大。

1. 品种因素　不同品种的薯块,不定芽原基的数量多少、幼芽分化的快慢、营养物质的转化状况均有所不同,萌芽快慢与萌芽数量有很大差别,如徐薯18、豫薯7号等出苗快而多;宁薯1号、济薯10号出苗慢而少。

2. 薯块不同部位　薯块顶部具有顶端生长优势的特性,萌芽时,薯块内部的养分多向顶部运转,所以薯块顶部发芽多而快,占发芽总数的65%左右;中部较慢而少,占26%左右;尾部最慢最少,占9%左右。薯块的阳面(向上的一面)发芽出苗的比阴面(向下的一面)多,因阳面接近地面,空气和温度等条件比阴面好,不定芽分化发育较多而好。

3. 薯块大小　同一品种,薯块大的薯苗生长粗壮,薯块小的薯苗生长细弱。同重量的薯块,大薯出苗数少,小薯出苗数多。过大的薯块育苗会造成浪费,过小的薯块薯苗会比较细弱。因此,在生产上以用中等薯块育苗较好。

4. 栽插季节及贮藏条件　与春薯相比,夏薯生长期短,生命力强,耐贮藏,感病轻,出苗早而多。采用高温愈合处理贮藏的种薯或在育苗前采用高温催芽的种薯,除有防病效果外,还能促进薯块不定芽原基的分化,因此出苗快而多。贮藏期温度低,不仅会延缓薯块发芽时间,降低发芽能力,还会因冷害导致种薯腐烂。贮藏期遭水浸泡或受湿害的薯块,发芽晚而少,甚至不发根不萌芽,种薯很快腐烂。

(二)薯块发芽和薯苗生长需要的条件

1. 温度　苗床温度在20~35℃,温度越高,萌芽越快越多,提高苗床温度可解除薯块的休眠状态,促进幼芽萌发,发芽最适宜的温度是29~32℃。超过35℃对幼苗生长有抑制作用。薯苗生长的适宜温度是25~28℃。

2. 水分　床土的水分多少与薯块发根、萌芽、长苗的关系密切。在温、湿度正常情况下,薯块先发根后萌芽;如温度适宜,水分不足,则萌芽后发根或不发根;如床土过于干燥,则薯块既不发根也不萌芽。出苗后,床土水分不足,根系难以伸展,幼苗生长慢,叶片小,茎细硬,形成老小苗;水分过多,幼苗生长快,形成弱苗。苗床湿度过大会影响床土通气性,尤其是在高温、高湿条件下,不仅影响出苗,而且会导致种薯腐烂。在薯块萌芽期,床土相对湿度应保持在80%左右,使薯皮始终保持湿润为宜。在幼苗生长期间以保持床土相对湿度70%~80%为宜。

3. 空气　苗床氧气不足，薯块呼吸作用受到阻碍，严重缺氧被迫进行缺氧呼吸而产生酒精，进而因酒精积累中毒，导致薯块腐烂。因此在育苗过程中苗床应始终保持供应氧气充足的状态，确保薯苗的正常萌芽和生长。

4. 光照　在薯块萌芽阶段，充足的光照能提高苗床温度，促进发根、萌芽。在长苗阶段，光照充足有利于培育壮苗。若光照不足，光合作用减弱，薯苗叶色黄绿，组织嫩弱，发生徒长，不易栽插成活。

5. 养分　养分是薯块萌芽和薯苗生长的物质基础。育苗前期所需的养分，主要由薯块本身供给，随着幼苗生长，逐渐转为靠根系吸收床土中养分生长。头茬苗采完后，薯块里的养分逐渐减少，薯苗生长缓慢，叶片小，叶色淡黄，植株矮小瘦弱，根系发育不良。因此，在育苗时应采用肥沃的床土并施足有机肥，育苗中后期适量追施以氮肥为主的速效性肥料。

二、育苗准备

为了保证甘薯适时育苗、育足苗、育壮苗，要制订好育苗计划并提前做好准备工作。育苗基地应根据甘薯种植面积、需苗数量、供苗时间等进行安排。制订育苗计划还要考虑品种出苗的特性、育苗手段等。要使排薯的数量和计划种植面积或计划供苗量相符合，育苗所需的种薯数量及其他物资要与苗床面积相符合。

（一）物资准备

育苗前要准备好育苗需要的塑料农膜、草苫、酿热物或燃料、沙土、拱棚支架、砖坯、作物秸秆、温度计及种薯等物资。如塑料农膜按每 10 米^2 苗床需 1.5 千克左右计算。

（二）育苗场所准备

育苗场所要选择地势高、阳光充足、靠近水源、有利排水、土壤疏松和 3 年以上没有种植过甘薯的肥沃地块，在冬季或早春结合施足基肥，深翻、耙碎整平，做成宽畦。

育苗地面积按 1 米^2 实地排种薯 18～20 千克计算，除去走道和大棚间距等，排种用地实占苗床总面积的比例为 75% 左右，每亩育苗地排种薯仅占地 500 米^2，实排种薯约 9 000 千克。

（三）种薯准备

育种量根据供苗时间、供苗量、栽插期、栽插次数、育苗方法以及品种出苗的特性、种薯质量来确定。一般每亩春薯大田需种薯量 50～60 千克。专业育苗户还应根据供苗合同及预测供苗量确定下种量，种植大户育苗需根据种植面积和育苗方法来确定育苗的种薯量。

三、育苗方式

育苗方式有很多，主要有大棚、火炕、阳畦、太阳能温床、双膜育苗、电热温床、地上加温式塑料大棚等育苗方法。北方寒冷地区选用加温式火炕塑料大棚、温室大棚、土温室、改良火炕等，中部地区和南方地区育苗可用冷床育苗。

（一）火炕塑料大棚育苗

每座大棚一般长10米、宽6米，可育种薯1 500千克左右，外观与蔬菜大棚温室相似，只是棚的长度为普通温棚的1/5，地面以下设八条回龙火道与火灶连接（见图1－1）。这种育苗方法，将甘薯育苗所需的光、水、气、热统一起来，能充分利用时间，可提早育苗，出苗快、出苗多，并能进行多级育苗，扩大繁苗系数。适宜北方薯区繁殖优良品种薯苗和春薯区专业户甘薯育苗。

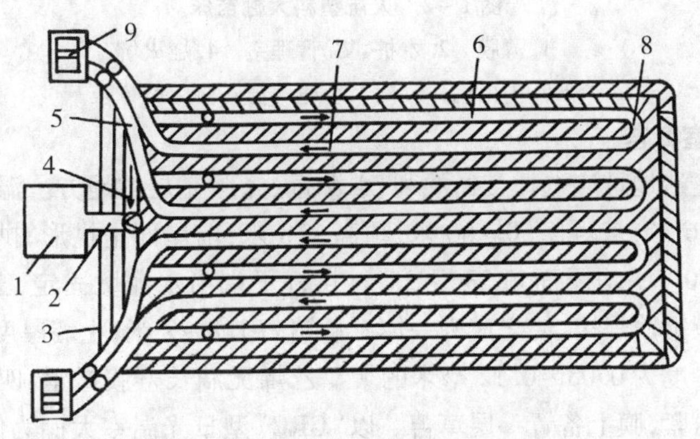

图1－1　火炕塑料大棚苗床地下火道

1. 火灶　2. 主火道　3. 内山墙　4. 进火道　5. 回火道出口
6. 去火道　7. 回火道　8. 进火道与回火道拐弯处　9. 烟囱

选择土层厚、背风向阳处建长10米、宽6米的大棚，后墙高1.2米、两山墙高1.8～2米，前沿插上3个0.6米高的木桩搭成木架支撑，后坡盖草苫，前坡搭放塑料薄膜（单或双层均可），或建成半面坡大棚。薄膜四周压牢，中间用木棍固定成架或铁丝固定，两山墙要各留1个30厘米见方的通气窗，后墙留3个长40厘米、宽24厘米的通风窗。山墙上留1个1.5米高、宽80厘米的门，悬挂2个草苫。门下筑一高20厘米门槛防风。薄膜上用铁丝或用绳把塑料薄膜网紧以防风刮。在山墙外的管理室内距墙0.5米处，挖1个1.6米深、1.3米见方的烧火坑。在坑内建一煤柴两用的吸风灶，炉膛建在墙外坑内，高80厘米，宽50厘米，进火口与主火道接通处的坡度是45°～50°。炉齿8根，长50厘米。火道建在墙内24厘米深处，主火道与山墙平行，与火炉进火道垂直，长530厘米，宽24厘米，两端深57厘米，中间与炉膛相接处深90厘米。主火道中间与炉膛连接处有个分火鼻。连接主火道挖进火道、回火道各4条，一共8条火道，设立闸门以便调温。每条进火道口处深60厘米，到对面拐弯处深30厘米，回龙头深20厘米，火道宽20～25厘米，两边的进火道距棚内25厘米。在主火道和进火道沟壁上距地面22厘米处挖6厘米深、3厘米宽的肩台，回火道削成上宽下窄呈倒梯形。主火道与进火道高温区150厘米棚薄坯或机瓦，其余棚树枝、秸秆、糊泥。回火道出口处通向棚外，各向上建1米高的烟囱。主火道与进火道棚1米长时进行试火，看其分火是否均匀，否则调整。火道建成后，用土整平，铺上腐熟草粪15～20厘米，做成1.2米宽的南北苗床，上铺1厘米厚无病细沙土。注意在建炕时，火道建好后平整做预热至30℃时排种（见图1－2）。

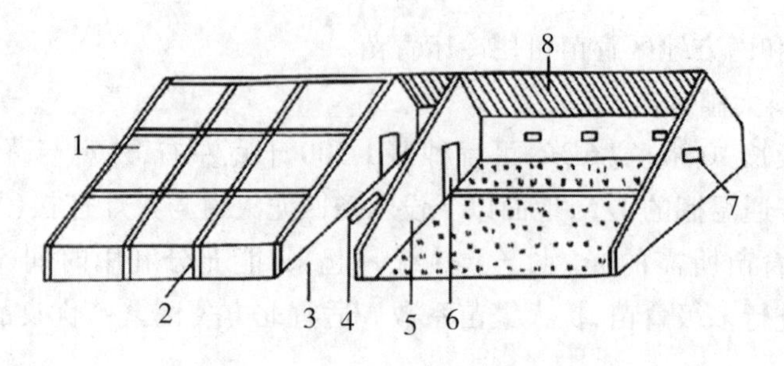

图 1－2　火炕塑料大棚苗床

1. 薄膜　2. 木桩　3. 管理室　4. 烧火坑

5. 内山墙　6. 门　7. 通气窗　8. 后坡草苫

（二）日光温室育苗

日光温室的建造地址应选择交通便利、水源近、光照充足的地方。温棚坐北朝南，东西延长，南北净跨度 6 米，东西长 50～60 米，顶高 2.8 米，前屋面呈拱形，拱杆间距 1.2 米，拱架与地面切线角 60°，平均屋面角 23°～25°。拱杆下端由水泥墩固定，上端直接插入后墙里。拱杆间由 3 道钢筋焊接，使之成为一体。后墙高 1.8～2 米，土墙厚度 1 米，或 0.5 米空心砖墙。棚膜用厚度为 0.08～0.12 毫米的聚氯乙烯无滴长寿膜撑紧，四周固定牢固，拱杆间膜上用压膜带压紧，膜上备置一层草苫。以“GRC”型日光温室大棚为例（见图 1－3），建造成本见表1－1。

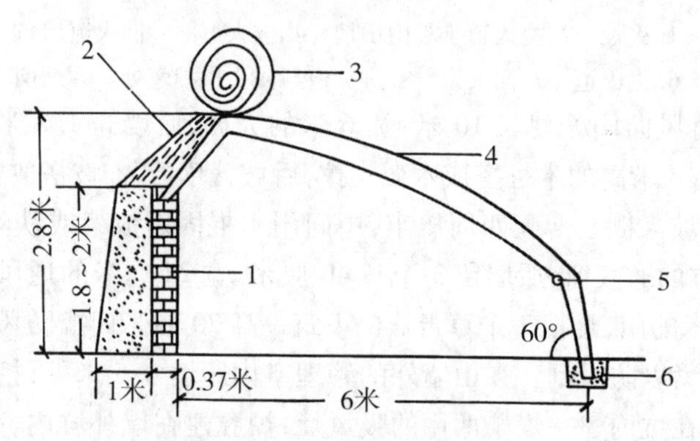

图 1－3　“GRC”型日光温室大棚

1. 后墙　2. 后坡　3. 草苫　4. 骨架　5. 拉丝　6. 前基座

表 1－1　“GRC”型日光温室用料及成本估价一览表（占地 60 米×6 米）

名称	规格	数量	用途	成本(元)
砖	6 厘米×12 厘米×24 厘米	约 25 000 块	山墙、后墙	约 6 250
拱杆	长 6.5 米，截面 10 厘米×12 厘米	约 60 根	拱架	约 3 600
棚膜	聚氯乙烯长寿无滴膜，厚 0.12 毫米，宽 3 米	约 75 千克	覆盖前屋面	约 1 000

续表

名称	规格	数量	用途	成本(元)
钢筋	10 号钢筋	约 180 米	固定拱杆	约 100
草苫	长 7 米,宽 1.2 米,厚 3 厘米,重 35 ~ 40 千克	50 ~ 60 条	保温	约 800
压膜带	专用塑料压膜带	7 ~ 8 千克	压棚膜	约 100
五拉绳	尼龙绳或麻绳,长 16 米,直径 0.8 ~ 1 厘米	100 ~ 120 根	拉放草苫	约 200
石灰	石灰	约 3 000 千克	砌墙用	约 300
沙	纯净无杂质	约 20 米^3	砌墙用	约 1 200
合计	(不含用工)			约 13 550

“GRC”型日光温室骨架(即玻璃纤维增强水泥结件)材料以快硬硫铝酸盐水泥为主料,钢筋或冷拔丝作骨,配合抗碱玻璃纤维模具成型,具有质量轻、不锈蚀、强度高(单根负载力可达 665 千克)、耐用(可达 20 年)、经济(节省后屋面及支柱的全部用料)、采光效果好、耕作方便等优点。

(三)回龙火炕育苗

火炕育苗是春薯区的主要育苗方式,常见的形式从火炕上分,有一火一炕、一火多炕。炕长 4.5 ~ 6 米,宽 1.5 ~ 2 米,一般长为宽的 3 倍。下挖 10 厘米,将土建成炕墙,墙厚 30 厘米。顺炕的方向中间挖一条宽 25 厘米的主火道。通灶口处深为 60 厘米,炕尾深 30 厘米,主火道到头分支向两侧折回,拐角处深为 25 厘米,折回后深 20 厘米,主火道溜底棚 25 厘米见方的火道,回火道溜底棚 20 厘米高的火道。于炕首外侧挖烧火坑并建炉灶,在墙外先挖一个 1.3 米见方、1.6 米深的火坑,距坑边 50 厘米处砌一个炉灶。炉顶部略低于火道底部。每炕用煤约 100 千克。灶顶要低于火道底部,使其与火道有较大的坡度。主火道挖好后,即可在火道沟上密铺秸秆用麦秸泥糊严,在主火道 100 厘米内应铺 3 层秸秆抹 3 层泥,100 ~ 160 厘米可减为各 2 层,以后为各 1 层。主火道盖好后再挖回火道,并在墙外回烟道修好烟囱。然后松土,填床土整平即可,再生火升温,排薯。出苗后,火炕上再拱塑料薄膜。

(四)电热温床育苗

电热温床育苗是利用电热线加温的一种育苗方法,具有温度均匀、升温可靠、降低成本和便于管理等优点。

选择北方向阳、地势稍高而又平坦、靠近水源和电源的地方建造苗床。一般苗床长 6.3 米,宽 1.5 米,深 23 厘米。床墙高 40 厘米,厚 23 ~ 26 厘米。床底填 13 厘米厚的碎草,草上铺一层牛马粪,或把碎草和牛马粪等酿热材料加水掺匀填放在苗床底层,在酿热层上铺 7 厘米厚筛细的床土,踩实整平(见图 1 -4)。

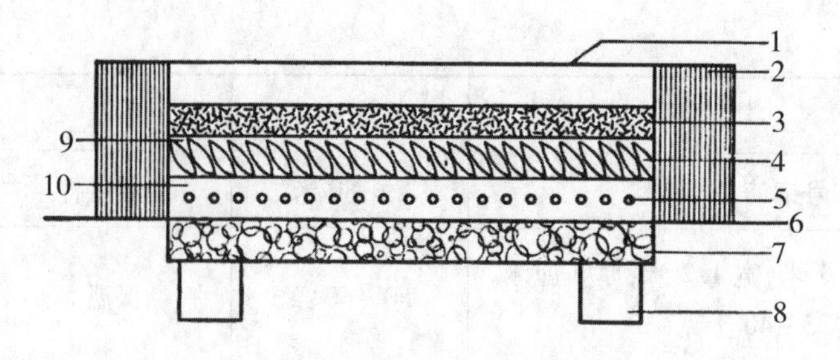

图1-4　电热温床剖面

1. 覆盖塑料薄膜和草苫　2. 床墙　3. 碎草　4. 种薯　5. 电热线　6. 地面

7. 酿热物(6厘米)　8. 通气沟　9. 覆沙2厘米　10. 床土(线上下各6.5厘米)

用两块长度等于苗床宽度的小木条板,按中间稍稀、两边稍密的线距钉上钉子,放在苗床两头固定好,然后用DV21012型1 000瓦地热线,布线距离6.6~9厘米,可满足10米^{2}育苗面积。要求布线平直,松紧一致,通电检查合格后覆3厘米厚的床土压住电热线,再把木板翻转取出,随即浇水、覆盖塑料薄膜和草苫,通电加温达到要求的温度后进行排种。电热线的长度是根据电热线的型号功率确定的,不得随意截短。如截短则电流加大,会引起烧线。至于布线距离,则根据需要而定,如要升温快,则线距缩小;反之,线距可放大。大床可布两根电热线,进行并联(电压220伏)(见图1-5),或用三根电热线进行星形联结(电压380伏)。

图1-5　电热温床布线(电源220伏)

使用电热线注意事项

☞ 电热线不能直接布在马粪上,也不能整盘做通电试验,以免烧线。

☞ 在进行测温或管理薯炕时,应先停电。

☞ 苗床排种前,要做通电试验,若指示灯不亮或电线不热,须查清原因,及时补救。

☞ 电热线外皮有破损之处,要包上塑料绝缘胶布,以防烧焦。

☞ 育苗结束收线时,要先清除炕土,再把电热线绕在板上,禁止用铁锨挖炕土,也不可硬拉线,取出线后,应洗净、包好,以防老化。

（五）地上加温式塑料大棚育苗

为了省工、方便，简化火炕大棚加温设施，育苗基地可将地下加温式火炕塑料大棚改为地上加温式育苗大棚（见图1－6），大棚外观同上述火炕大棚。

大棚地面中间建类似平卧烟囱式的火道。可用3厘米厚的特制薄土坯或机瓦砌成40厘米见方的简易火道，也可用直径15～20厘米陶瓷管架设。火道可设在大棚中线位置，也可沿大棚前后墙和两山墙架设。建火道时应注意火道侧不触墙，下不触地。火道下面用立砖支起，保持有一定的坡度。火道首端棚外砌火灶，火灶数量根据火道的长度可建一个或数个。火膛与火道相接处坡度为45°，棚内火道首端温度很高，可建一个假火灶置一个大锅，热水既能增加棚内湿度与温度又能供应苗床补浇温水。在火道末端墙外建170～200厘米高的烟囱。烟囱最好设在后墙或两山墙处，以防遮光。排薯前先预热苗床30℃，排薯后烧大火，白天充分利用阳光加温，晚上充分利用火道加温，当床土温度上升到33℃时封火，床温升到35～37℃，保持3～4天，床温下降到30～32℃，保持到出苗。当苗高6厘米时，温度下降到25～28℃。剪苗前温度下降到20℃左右。

图1－6　地上加温式塑料大棚育苗

（六）塑料大棚（大型拱棚结构）育苗

有竹木骨架结构和钢筋结构两种类型，一般每个大棚面积为300～334米^2，可育种薯4 000千克左右，这种育苗方法适应春薯区大规模商品苗育苗。在北方寒早春利用温室大棚育苗时，为提高温度，可在棚内苗床上面搭小拱棚，在拱棚内苗床表面上盖一层地膜，也可在种薯下面适当铺放些酿热物，出苗效果也很好。若在棚上加覆尼龙防虫网，可进行脱毒甘薯繁苗、育苗（见图1－7）。

图1－7　塑料大棚育苗

（七）小拱棚冷床双膜育苗

春夏薯区、烟薯套、两薯套或麦薯套种区可用冷床双膜育苗法。所谓“双膜”育苗，是指出苗前除了在苗床上面搭小拱棚所需用的一层塑料薄膜外，苗床上再盖一屋地膜或常用膜，用以增加床温的一种育苗方法（见图1－8）。苗床选用水肥地，施足基肥，整好地。建畦宽1米，长度不限，在出齐苗时揭去床苗地膜，其他不变，用这种方法一般提早出苗3～5天，增加20%～30%的出苗量。为了提早育苗，这种方法也适用于在塑料大棚内应用。应用时应注意两点：一是在苗床上撒些作物秸秆再盖地膜，四周不宜压实，以免缺氧烂种影响出苗；二是在齐苗时及时揭去地膜，以防“烧芽”，并且要注意适时两端通风，棚内气温不超过35℃。

图1－8　小拱棚冷床双膜育苗

（八）地膜覆盖夏薯采苗圃

为夺取夏薯高产，及早栽上秧头苗，于夏薯栽前45天左右，从苗床上剪取壮苗，栽好采苗圃，注意选择水肥地，施足肥料，整好地。

(1)畦栽　畦面宽1米,长10米,先浇透水,后覆膜,再按一畦6行,株距17～20厘米,每亩1.6万～2万株栽插。注意栽苗时做到根土密接,薄膜四周压实。

(2)垄栽　按宽50厘米、高10厘米起成垄,先按一垄双行,株距15厘米栽苗,后覆膜,四周压紧,然后放水浇透垄土。

苗床管理上应注意适时打顶,勤浇水,当分枝长到25厘米长时可以采苗,采苗后,如需继续采苗可待叶片无露水时及时施肥(每10米^{2}施尿素0.3千克)浇水。

四、选种和排薯

(一)种薯精选与处理

"好种出好苗",好种薯的标准是:具有本品种的皮色、肉色、形状等特征;无病、无伤,没有受冷害和湿害;薯块大小均匀,块重150～250克为宜。排薯前为防止薯块带菌,应进行处理,用51～54℃温水浸种10分,或用50%多菌灵可湿性粉剂500倍液浸种5～10分。

(二)排种浇水覆土

用大棚加温或用火炕或温床育苗,应在当地薯苗栽插适期前30～35天排种;采用大棚加地膜或冷床双膜育苗于栽前40～45天排薯。排种前,在苗床上铺一层无病菌细沙土。排种时要注意分清头尾,切忌倒排,大小分开,平放稀排,保持种薯上齐下不齐(以利覆土厚薄均匀)。一般种薯间留空隙1～2厘米,能使薯苗生长苗壮,要达到适时,用一、二茬苗栽完大田,每亩用种量以30～60千克为宜。排种密度不能过大,每平方米以15～20千克为好。种薯的大小以0.15～0.25千克比较合适。排种后浇适量水,覆3～5厘米厚的沙壤土,再在上面盖一层地膜(注意地膜与床面不能贴得过紧,以防缺氧造成烂种)。

五、苗床管理

苗床管理的基本原则是"以催为主,以炼为辅,先催后炼,催炼结合"。

(一)温度

1.前期高温催芽(1～10天)　种薯排放前,加温预热苗床至30%左右,排薯后使床温上升至32～35℃,保持3～4天,然后降到29～32℃。

2.中期平温长苗　待齐苗后,注意逐渐通风降温,床温降至25～28℃。

3.后期低温炼苗　当苗高长到20厘米左右时,栽苗前3～5天,逐渐揭炼苗,使苗床温度接近大气温度,以利栽插成活。

4.正确测量温度　市售温度计有的误差较大,应校正后再用。测温点应分别设在苗床当中、两边和两头。火炕的高温点是进火口和回烟口,找出全床的高温点和低温点,便于安全管理。温度计插在苗床上不宜过深或过浅,以温度计下端与种薯底面相平为宜。盖薄膜的苗床,注意测量膜内苗茎尖层的温度,防止温度过高烧伤薯苗。

（二）浇水

排种后盖土以前要浇透水，浇水量约为薯重的 1.5 倍。采过 1 茬苗后立即浇水。掌握高温期水不缺，低温炼苗时水不多，酿热温床浇水量要少些，次数多些。

（三）通风和晾晒

通风和晾晒是培育壮苗的重要条件。在幼苗全部出齐，开始展新叶后，选晴暖天气的上午 10 点到下午 3 点适当打开薄膜通风降温，剪苗前 3～5 天，采取白天晾晒、晚上盖的措施，达到通风、透光炼苗的目的。

（四）追肥

每剪采 1 茬苗，结合浇水追 1 次肥。选择苗叶上没有露水的时候追施尿素，每 10 米^2 一般不超过 0.25 千克。追肥后立即浇水，可迅速发挥肥效。

（五）采苗

薯苗长到 25 厘米高度时，及时采苗，否则薯苗拥挤，下面的小苗易形成弱苗，并会减少下 1 茬出苗数。采苗用剪苗的方法，可减少病害感染传播，还能促进剪苗后的基部生出再生芽，增加苗量，以利下茬苗快发。

六、甘薯育苗期间常见问题科学诊断与解决办法

只有对照各种可能出现的问题，准确诊断并及早采取有效的措施（见表 1－2），才能实现培育无病壮苗的目标。

表 1－2　甘薯育苗期常见问题诊断技术

诊断部位	表现症状	发生原因	解决办法
种薯	薯块不发芽，顶部爆花开裂	温度高，水分少	降低床温至 32℃，泼浇 30℃左右的温水
	薯块长期不发芽、不生根、没有变化	温度低，水分不足或种薯浸水过久受水害	增加床温、泼浇 38～40℃的温水，若是种薯是受过水浸害的，应将种薯换掉
	种薯皮褪色变暗如烫伤，或者烂掉	浸种时水温过高、时间长或炕温超过 40℃	换种薯，轻者改用冷床加薄膜育苗
	床土湿润，床面点片发生丝状物，有时丝上有小露珠，种薯软腐	种薯受软腐病侵染（种薯受伤、受冻、水浸后易感染）	另建苗床，或清理后更换新床土，重新育苗
	薯块无白浆，肉色变暗，手挤流清水，薯心有黑筋	种薯曾因温度过低，受冷害	更换种薯，重新育苗
	种薯黏湿，有凹陷软腐斑点	温度过高，床土水分多，不通风，氧气不足，在高温、高湿情况下会加速种薯腐烂	更换种薯，注意通风换气，保证适宜苗床湿度

续表

诊断部位	表现症状	发生原因	解决办法
幼芽	幼芽萌发后,生长缓慢	温度低或种薯有病	加温,若有病,重新换床土、换种薯育苗
	芽基部有黑色斑点	感染黑斑病	另换床土、换种薯重新育苗,排薯时应先进行温汤浸种灭菌或药剂处理
	出芽不整齐	苗床温度不均匀	调剂温度
	根多芽少	温度偏低,湿度偏高	加温,注意通风
	根少芽多	温度偏高,水分不足	浇30℃的温水,增加苗床湿度
	芽尖枯黑	苗间温度高,湿度小、光线强、芽触薄膜或在高温下猛揭膜或遭干风吹,使顶芽烫伤或急剧脱水干枯	注意浇水,遮光,逐渐揭膜
	发芽不多,生长不良	肥料、水分不足或种薯有病	立即追肥,泼浇温水或另建床育苗
茎叶	叶片小而薄,叶色黄化	种薯轻度冷害,苗床温度低,种薯过小或氮肥不足	加温、追施氮肥
	叶尖或叶缘枯焦,叶全部内卷枯死	突遭大风或霜害,化肥在苗上未冲净	加强肥水管理,促进薯苗生长
	苗尖突出,展开叶向上直伸	高温、高湿造成徒长	逐渐揭膜通风,控制肥水
	叶片皱缩,凹凸不平	发生病毒病	拔掉病苗薯块,拔除病株
	大面积叶黄,生长缓慢,最后死亡	感染黑斑病	重新建床育苗
	叶背面生半透明黏状物	高温、高湿,通风不良,感染黏菌核病	通风,用70%甲基硫菌灵800倍液喷洒
	苗细,节长而茎软嫩	排种薯过密,薯苗拥挤,湿度大	采取疏苗、通风措施
	苗粗,节长而嫩	高温、高湿	采取通风、降温、散湿措施
	苗细,节短茎硬	温度低,肥水不足,炼苗时间长形成了"小老苗"	增温,追施氮肥,浇水,按时剪苗
	茎节气生根多	湿度大,通气性差	通风,换气,散湿
根	下部白根过长	排薯后覆土过厚	减少覆土厚度
	根尖发黑、腐烂	黑斑病所致	另建苗床育苗
	种薯发芽不扎根	水分不足所致	浇水

第三节 平衡施肥技术

甘薯施肥是高产栽培的重要内容,甘薯的施肥技术以甘薯的需肥规律为依据。甘薯测土配方平衡施肥是以土壤测试和肥料田间试验为基础,根据甘薯需肥规律、土壤供肥性能和肥料效应,在合理施用有机肥料的基础上,提出氮、磷、钾及中、微量元素等肥料的施用数量、施肥时期和施用方法。测土配方平衡施肥技术的核心是调节和解决甘薯需肥与土壤供肥之间的矛盾,同时有针对性地补充甘薯所需的营养元素,甘薯田缺什么元素就补充什么元素,需要多少就补多少,实现各种养分平衡供应,达到提高肥料利用率和减少用量、提高甘薯产量、改善农产品品质、节省劳力、节支增收的目的。测土配方平衡施肥是对养分资源高效利用,其目标一是要保持持续增产、增收,二是促进农田生产力提高,三是要减少施肥对农田和环境的不良影响。

一、甘薯需肥规律与特点

(一)甘薯需肥情况

甘薯在生长过程中,所需的营养元素除氮、磷、钾等大量元素外,还需要镁、钙、硫、锌、铁、硼、锰等微量元素。对氮、磷、钾营养三要素的要求以钾最多,氮次之,磷最少。在高产情况下,甘薯吸收氮、磷、钾三要素的比例约为1:1:2;在中低产情况下,甘薯吸收氮、磷、钾三要素的比例约为2:1:3。据分析,在每亩产2 500千克鲜薯生产水平下,约需施氮20千克、磷15千克、钾35千克。这三种肥料要素均以茎叶生长前期吸收较少,随后由于植株生长,吸收量增加较多,到生长末期,随植株衰老,吸收量便降低。具体讲,钾素在封垄时吸收较少,茎叶生长盛期与落黄期吸收较多;氮素在茎叶生长盛期吸收较多,落黄期较少;磷在整个生长过程中以落黄期吸收较多。

1. 钾　钾能延长叶片功能期,提高叶片光合作用强度,促进叶片光合作用形成的碳水化合物向块根运输,提高块根淀粉与糖分的含量;能加强块根形成层活动的能力,加速块根膨大;能增强细胞的保水能力,提高抗旱性;还能提高甘薯的抗病性能和贮藏性能。钾素吸收从开始生长到收获较氮、磷都高。随着叶蔓的生长,吸收钾量逐渐增大,地上部从旺长逐渐转向缓慢,其叶面积系数开始下降,茎叶重逐渐降低,薯块快速膨大期特别需要吸收大量的钾素。

据研究,如果甘薯叶片中氧化钾含量低于0.5%时,即出现缺钾症状。缺钾症状表现为:处于生长前期的节间和叶柄变短,叶片变小,接近生长点的叶片褪色,叶的边缘呈暗绿色；生长后期的老叶，在叶脉间严重失绿，叶片背面有斑点，不久发黄脱落。缺钾时，老叶内的钾能转移给新叶利用，所以缺钾症状往往先从老叶表现出来。

2. 氮　氮能有效地促进茎叶生长，增加绿叶面积，并使叶色鲜绿，提高光合能力。但在施氮过多时，叶片中含氮量也随之提高，光合作用制造的碳水化合物被叶片形成大量的蛋白质所消耗掉，碳水化合物向块根运输很少，茎叶发生徒长现象，块根膨大变慢，产量下降。甘薯叶片含氮占干物质重量的4%以上时，同化作用所产生的养料向地上部转移；少于2.5%，就会降低光合强度；少于1.5%时，出现缺氮症状。

甘薯对氮素的吸收前中期速度快，需量大，茎叶生长旺期对氮素的吸收达到高峰，后期茎叶衰退，薯块迅速膨大，对氮素吸收速度变慢，需量减少。缺氮时，生长缓慢，节间短，茎蔓细，分枝少，叶形小，叶片少，叶片边缘及主脉均呈紫色，老叶变黄脱落。

3. 磷　磷能促进根系的生长，使块根变长，增加块根甜度，改善品质，提高耐贮性。随着茎叶的生长，磷素吸收量逐渐增大，到薯块膨大期吸收利用量达到高峰。甘薯大部分生长期间含磷量为0.3%～0.7%，生长末期为0.2%～0.3%。当叶片含磷量低于0.1%时，出现缺磷症状，表现为幼芽、幼根生长慢，茎蔓变短变细，叶片变小，叶色暗绿少光泽，老叶出现大片黄斑，以后变为紫色，不久叶片脱落。

4. 微量元素　微量元素的需要量虽少，但也是其正常生育所必需的，缺乏时常引起症状造成减产。据研究，当叶片含镁量小于0.05%时，叶片向上翻卷，叶脉呈绿色，叶肉呈网状黄化很明显；叶片中钙量小于0.2%时，从幼芽生长先枯死，叶变小，叶呈淡绿色，以后叶尖向下呈钩状，并逐渐枯死，大叶有褪色斑点；叶片含硫量小于0.08%时，幼叶先发黄，叶脉缺绿，呈窄条纹，最后整株叶片发黄；土壤中含有效锌量低于0.5毫克/千克时为明显的缺锌，表现叶小、簇生，叶肉有黄色斑点，因此，又称“小叶病”或“斑叶病”；缺铁元素表现为开始幼叶褪色，叶脉保持绿色，叶肉黄化，严重时叶片发白，但无褐色坏死斑；缺硼时，蔓顶生长受阻逐渐枯死，叶片呈暗绿色或紫色，叶变小、变厚、皱缩，节间变短，叶柄卷缩，薯块柔嫩而长，薯肉上出现褐色斑点；缺锰时，叶肉缺绿发生黄斑，但叶脉变绿，随后出现枯死斑点，使叶片残缺不全。因此，生产上应注意对甘薯各种养分补给，才能达到丰产。

在常规甘薯生产中大量元素的补充主要以无机肥为主，微量元素的补充多以有机肥为主。在绿色食品甘薯生产中各种营养元素的补充则是以有机肥为主。

（二）甘薯土壤营养指标

山东省农业科学院作物研究所王荫墀等针对大面积常种甘薯的土壤养分状况，采取盆栽、池栽和大田相结合，根据土壤原有养分含量，以土壤水解氮、速效磷、速效钾含量作指标，分别用氮、磷、钾化肥配成土壤养分不同含量的若干处理，用济薯1号、济薯5号和徐薯18三个品种，进行了66项（次）试验，探讨了肥料三要素与甘薯生长、植株三要素含有率、吸收量和吸收动态等规律，提出了甘薯生长对土壤三要素含量的适宜指标。同时，还研究了施肥期、施肥深度等方法，丰富了甘薯施肥理论，肯定了有效的施肥技术。

1. 甘薯土壤氮素营养指标　在土壤耕层含水解氮（N）30～90毫克/千克进行试验，结果表明，大于70毫克/千克有徒长现象，且薯块产量比50毫克/千克增产不显著，甚至减产，以水解氮（N）50毫克/千克产量高，经济效益大，每千克纯氮增产鲜薯160千克左右，鲜薯产量约3 000千克/亩。所以,适宜的土壤氮素营养指标应为水解氮50毫克/千克左右,不可超过70毫克/千克。

2. 甘薯土壤磷素营养指标　在土壤含速效磷(P_2O_5)4毫克/千克的基础上,使土壤速效磷增加到10毫克/千克、20毫克/千克、30毫克/千克、40毫克/千克,结果产量随磷量增加而提高,两者呈显著正相关。但以10~20毫克/千克增产幅度大,边际产量高,边际产值/边际成本比值大。因此,使土壤耕层达到速效磷(P_2O_5)10~20毫克/千克,是适于甘薯高产的磷素营养指标。

3. 甘薯土壤钾素营养指标　根据甘薯钾肥试验的鲜薯产量结果,计算其边际产量、边际产值、边际成本和经济界限,得出土壤速效钾(K_2O)含量80~120毫克/千克的边际产值/边际成本的值是1.4~8.1,而土壤速效钾160~200毫克/千克出现了负值。另知钾量与鲜薯产量是一种曲线回归关系,钾量达到120毫克/千克之后,再增钾量,鲜薯产量增加趋缓。据此可以确定,土壤速效钾(K_2O)含量最佳值应为120毫克/千克左右。

(三)不同土壤质地和土壤肥力对甘薯吸收氮、磷、钾养分的影响

甘薯吸收氮、磷、钾养分也受土壤质地和土壤肥力的影响,由于土壤质地不同,其温度、湿度、空气含量也有差异,生长在其中的薯根吸收养分也有差异。在沙质土中种的甘薯,对氮素的吸收量明显低于黏土,据分析,其地上茎叶器官的吸氮量,沙土要比黏土少15%;地下部薯块的吸氮量,沙土要比黏土要少32%。而沙质土中种的甘薯对钾素的吸收量与氮素恰恰相反,无论地上部或地下部,钾的含量都是沙土大于黏土,其中地上茎叶器官吸收的钾素,沙土要比黏土多22%;地下部薯块吸收的钾素,沙土要比黏土多17%。沙质土中种的甘薯对磷素的吸收量,与黏土大致相近,只是黏土中甘薯对磷素的吸收量稍大于沙土。由于钾素是品质元素,这就说明了为什么沙质土中种的甘薯干、甜且耐贮藏。

在土壤肥力上,肥地和一般地种的甘薯,对养分的吸收量也表现不同,在肥地中种的甘薯,由于养分和水分充足,能够及时供给吸收,植株中养分含量也高。其中对氮素的吸收量,地上茎叶器官肥地也高于一般地块。地下部块根中氮素含量大致相近。可见地上部氮素吸收虽多,但并不影响块根中氮素含量。相反,当肥地土壤速效氮超过了70毫克/千克时,植株地上部有明显的徒长现象。对磷素的吸收量是地上茎叶器官肥地高于一般地块,而地下部薯块中磷的含量是一般地块高于肥地。对钾素的吸收量是肥地与一般地块与磷素的吸收量大体相近。

(四)施肥对甘薯产量和品质的影响

增施肥料能提高甘薯产量,已为大量的生产实践所证实。但不同肥料种类对产量的影响不同,在施氮、磷、钾与增产的比较上,许多试验有较一致的结论,仅施氮肥比不施肥可增产甘薯一成左右,氮肥与磷肥配合可增产甘薯二成左右,氮肥与钾肥配合可增产甘薯三成以上,氮、磷、钾配合的可增产五成以上。可以看出,钾肥对甘薯增产的作用比较突出,即使肥地增施钾肥还能增产一成以上。其次,在肥沃的土壤上再施用氮肥,随着施氮量的增加,减产百分率也随之增加,所以肥地要严格控制施氮量,瘠薄地要氮、钾配合才能得到较高的产量。

在氮、磷、钾对甘薯品质的影响上,也有明显的区别。据试验,与不施肥比较,施氮肥的

薯块的淀粉含量只增加了1.8%，糖分还减少了1.4%；而施磷肥的薯块淀粉含量增加了2.7%，糖分增加了1.4%；施钾肥的薯块淀粉含量增加了12.6%，糖分增加了2.5%。从试验结果可以看出，甘薯中淀粉和糖分的含量以施钾肥为最多，这与钾在植株体内加强碳水化合物的代谢、有利碳水化合物从地上部运输转至块根中所致；施磷肥的甘薯中淀粉和糖分含量增加较少；施氮肥的甘薯中淀粉增加更少，糖分也减少了。因此，增施钾肥能改善甘薯品质，而只施氮肥却使甘薯品质变坏。

二、常用肥料的种类和性质

（一）有机肥

有机肥是由大量生物物质、动植物残体、排泄物、生物废物等积制而成的，它能够使土壤疏松、肥沃，促进植物的旺盛生长和健壮及植物抗旱、抗寒、抗倒伏和抗病虫害等抗逆能力增强，达到优质和高产。其次是能减轻土壤污染，土壤有机质能与重金属元素产生中和或螯合作用，吸附有机污染物，从而减轻对植物食品的危害。再者是营养作用，有机肥中的有机氮、磷、氨基酸、核酸能明显增加甘薯的蛋白质、糖、维生素以及芳香物质的含量，增加甘薯的干物质比重，从而使甘薯的品质、风味、耐贮藏性提高，薯肉色泽及外观质量明显改善，这种特殊作用是化肥所不能替代的。主要包括堆肥、沤肥、厩肥、沼气肥、绿肥、作物秸秆肥、泥肥、饼肥等。

1. 堆肥　以各类秸秆、落叶、山青、湖草为主要原料并与人畜粪便和少量泥土混合堆制经好气微生物分解而成的一类有机肥料。

2. 沤肥　所用物料与堆肥基本相同，只是在淹水条件下，经嫌气微生物发酵而成的一类有机肥料。

3. 厩肥　以猪、牛、马、羊、鸡、鸭等畜禽的粪尿为主与秸秆等垫料堆积并经微生物作用而成的一类有机肥料。

4. 沼气肥　在密封的沼气池中，有机物在嫌气条件下经微生物发酵制取沼气后的副产物。主要由沼气水肥和沼气渣肥两部分组成。

5. 绿肥　以新鲜植物体就地翻压、异地施用或经沤、堆后而成的肥料。主要分为豆科绿肥和非豆科绿肥两大类。

6. 作物秸秆肥　以麦秸、稻草、玉米秸、豆秸、油菜秸等直接还田的肥料。

7. 泥肥　以未经污染的河泥、塘泥、沟泥、港泥、湖泥等经嫌气微生物分解而成的肥料。

8. 饼肥　以各种含油分较多的种子经压榨去油后的残渣制成的肥料，如菜籽饼、棉籽饼、豆饼、芝麻饼、花生饼、蓖麻饼等。

（二）无机肥料

无机肥料主要以无机盐形式制成的肥料，称为无机肥，也叫矿质肥料，绝大部分化学肥料是无机肥料。例如硫酸铵、硝酸铵、普通过磷酸钙、氯化钾、磷酸铵、草木灰、钙镁磷肥、微量元素肥料等，也包括液氨、氨水，常见的还有氮、磷、钾、钙复混肥和复合肥等。无机肥料的特点是成分较单纯,养分含量高,大多易溶于水,发生肥效快,施用和运输方便,故又称速效性肥料。

常见的氮素肥料主要有尿素、碳酸氢铵、氯化铵、硝酸铵、硫酸铵、氨水等;常见的磷肥主要有普通过磷酸钙、钙镁磷肥等;常见的钾肥主要有硫酸钾、氯化钾等。

(三)其他商品肥料

1. *腐殖酸类肥料* 以含有腐殖酸类物质的泥炭(草炭)、褐煤、风化煤等经过加工制成的含有植物营养成分的肥料。包括微生物肥料、有机复合肥、无机复合肥、叶面肥等。

2. *微生物肥料* 以特定微生物菌种培养生产的含活的微生物制剂。根据微生物肥料对改善植物营养元素的不同可分成5类:根瘤菌肥料、固氮菌肥料、磷细菌肥料、硅酸盐细菌肥料、复合微生物肥料。

3. *有机复合肥* 经无害化处理后的畜禽粪便及其他生物废物加入适量的微量营养元素制成的肥料。

4. *叶面肥料* 喷施于植物叶片并能被其吸收利用的肥料,包括含微量元素的叶面肥料和含植物生长辅助物质的叶面肥料等。

5. *有机无机肥(半有机肥)* 有机肥料与无机肥料通过机械混合或化学反应而成的肥料。

6. *掺合肥* 在有机肥、微生物肥、无机(矿质)肥、腐殖酸肥中按一定比例掺入化肥(硝态氮肥除外),并通过机械混合而成的肥料。

7. *其他肥料* 指不含有毒物质的食品、纺织工业的有机副产品,以及骨粉、骨胶废渣、氨基酸残渣、家禽家畜加工废料、糖厂废料等有机物料制成的肥料。

三、甘薯高产田平衡施肥技术

甘薯是以地下部块根膨大实现产量的,而块根形成的多少和大小,又直接受制于地上部茎叶器官长势的优劣。只有正确地调控地上、地下器官合理发展,甘薯才能高产优质,而施肥措施的运用就可达到这一目的。

(一)甘薯测土配方平衡施肥法

测土配方平衡施肥技术包括测土、配方、配肥、供应、施肥指导5个核心环节。甘薯施肥种类和数量应在测土的基础上,根据甘薯需肥特性、肥料作用和产量目标,做好测土、配方、配肥和施肥等环节,力争做到需要什么补什么、缺多少补多少、什么时间用什么时间施。配方施肥就是根据土壤肥力(测定耕层20厘米原土壤的氮、磷、钾有效含量)和目标产量做到氮、磷、钾合理搭配,以达到单位面积减少用肥量,节约生产成本又增产增收。

1. *以土壤速效养分含量为指标计算施肥量和配合比例* 以土壤速效养分含量为指标计算,这是确定施肥量和配合比例的科学方法,可用下式推算施肥量和配合比例。甘薯施肥应根据甘薯需肥规律和土壤养分含量,确定肥料用量、肥料配合、施肥期、施肥方法等。

(1)*测定土壤氮、磷、钾的有效含量* 以耕层20厘米土壤的氮、磷、钾有效含量为测定指标进行计算。

(2)甘薯高产田要求的土壤氮、磷、钾有效含量　土壤水解氮(N)含量约为50毫克/千克,土壤有效磷(P_2O_5)含量约为20毫克/千克,土壤速效钾(K_2O)含量约为120毫克/千克。

(3)计算需补施的氮(N)、磷(P_2O_5)、钾(K_2O)三要素施肥量　计算氮、磷、钾素用量公式如下:

$$施肥量(千克/亩)=\frac{目标产量\times单位收获养分吸收量-土测值\times0.16}{肥料利用率\times肥料养分含量}$$

式中,0.16为用土壤速效养分含量换算成每亩地耕层所能提供的养分的系数,一般肥料利用率氮按30%~40%计算,磷按10%~25%计算,钾按40%~60%计算。这是确定施肥量和配合比例的科学方法。

(4)甘薯施肥种类和数量　应在测土的基础上,根据甘薯需肥特性、肥料作用和产量目标,进行配方、配肥和平衡施肥等。

2. 以生产经验确定施肥种类和数量　这是一种简单易行的方法。据生产调查和试验结果,每生产1 000千克鲜薯块约需吸收氮素(N)3.5千克、磷素(P_2O_5)1.8千克、钾素(K_2O)5.5千克。在大田生产中甘薯施用氮、磷、钾的数量比甘薯植株吸收数量要大,在每亩产2 500千克鲜薯生产水平下,约需施氮20千克、磷15千克、钾35千克,或者施土杂肥4 000~5 000千克。据高产试验结果表明,在中等肥力的土地,每亩施土杂肥7 000千克,草木灰100~200千克,过磷酸钙20~30千克,硫酸铵10余千克,每亩产鲜薯4 000多千克。

以上两种确定施肥数量的方法,要达到平衡施肥,以用土壤有效养分适宜含量指标计算比较科学。如没条件测定土壤速效氮、磷、钾有效养分含量,第二种方法一定要考虑前茬作物施肥种类、数量和作物产量因素,不能盲目施用过量甘薯专用肥或三元素复合肥,因这两种肥料均含有一定比例的氮素。如果前茬作物小麦或玉米每亩产量近500千克,前作施氮肥比例又大,很可能造成土壤速效氮素含量过高。若土壤水解氮(N)含量达到70毫克/千克以上再施含氮素的肥料,很容易促使甘薯茎叶旺长,造成减产。因此,在高肥地应该增施硫酸钾等钾肥,少用含氮素的肥料。以猪、牛、马、羊、鸡、鸭等畜禽的粪尿为主的有机肥因含氮素较高,施用时也要注意适量,宜在沙土、瘠薄地施用。

四、甘薯的施肥期和施肥方法

1. 底肥要足　甘薯产量高、根系深、生长期长、吸肥力强,必须有足够的底肥,才能在一定的空间和时间上供给养分,保证全生育期的需要,不致脱肥早衰。一般有机肥提倡冬前施入后,封假垄,春季在垄沟内施入化肥,破垄封沟,把垄沟变垄心,垄心变垄沟。

(1)底肥施用量　试验证实,甘薯的底肥施用量应占总施肥量的80%以上,以半腐熟的有机肥料为宜,磷、钾化肥也多作底肥施入。在施用底肥时,如果没有有机肥料,用三元复合肥料每亩施25~30千克,效果也较好。底肥的用量也因产量指标和土壤肥力而定,试验证明,如果要获得每亩产鲜薯3 000千克左右的产量水平,需施有机肥料3 000~4 000千克;若每亩产鲜薯2 000千克,需施有机肥料2 500千克。同时,还要根据土壤肥沃程度及土质的好坏灵活掌握施肥量,做到土质好、肥沃程度高少施,否则,就应相应地多施。

对多处每亩产3 500～4 600千克的田块进行实地调查,结果表明,每亩肥料施用量折纯氮素(N)26.5千克,磷素(P_2O_5)22.35千克,钾素(K_2O)50.5千克,其中氮素有74%作底肥,磷素100%作底肥,钾素90%以上作底肥。每亩具体用肥量是:有机肥料5 000～7 000千克,过磷酸钙或钙镁磷肥25～50千克,棉籽饼肥或豆饼40～50千克,碳酸氢铵12.5～25千克或硫酸铵10～20千克,草木灰100～150千克。其中有机肥料、磷肥、饼肥作底肥施入,氮肥和草木灰作追肥施在生育前期和薯块膨大期。

(2)底肥的施用方法　有机肥提倡冬前施入,如果底肥充足,可以在犁地前撒施一半,随犁地耕翻入耕作层,其余在起垄时集中施在垄底,要做到深浅结合,有效地满足甘薯前期、中期、后期养分的需要,促进甘薯正常生长;如果底肥数量少,可在起垄时1次施用。如果在种的时候,用氮磷钾三元复合肥施入栽薯坑附近,既可当底肥,又可作种肥,效果更好。甘薯对氮素的吸收集中于前期、中期生长阶段,而磷、钾吸收最多的时期却在薯块膨大期。因此,充足的底肥应能保证甘薯不同生育阶段对不同养分的需求。

(3)因地施肥　为避免茎叶旺长造成减产,建议在甘薯前茬作物施氮肥较多地块、春薯地前茬玉米每亩产500千克以上的田块或夏薯地前茬小麦每亩产400千克以上的田块,不施氮素化肥或少施含氮素复合肥,重施钾肥和补施磷肥,每亩施硫酸钾30～40千克及适量有机生物肥料。

2.追肥要早　甘薯在早期茎叶生长时,需要较多的氮肥和一定量的磷、钾肥,在薯块膨大时需要较多的钾肥。只有健壮的茎叶和较多的薯块,才能达到高产。甘薯生长前期,底肥往往还未能充分分解,养分不能及时供应茎叶生长需要,故必须及早适量追施速效性氮肥和钾肥,才能满足氮素、钾素的需要。在生育后期薯块膨大时,土壤中钾素往往不能满足大量需要,若能及早根外喷施钾肥或草木灰水溶液,就能得到显著的增产效果。

甘薯生长前期植株矮小,吸收养料较少,但也必须满足其需要,才能促使早发棵。中前期地上部茎叶生长旺盛,薯块开始迅速膨大,这时吸收养分的速度快,数量多,是甘薯吸收营养物质的重要时期,决定着结薯数和最终产量。

除在基肥中占较大比重外,还要按生育特点进行追肥。在茎叶生长期适当追施钾肥能促进植株体内氮、钾比例的平衡,提高光合效率,防止茎叶旺长、徒长。后期适当追施钾肥,能促进薯块的膨大。磷肥宜与有机肥堆沤后作基肥施用,也可在生育中期追施或在后期根外追肥施用,提高甘薯的产量。

3.看苗追肥　追肥要早且根据底肥施用量的多少和甘薯的长相来确定是否追肥或追肥量的大小。看苗追肥分促苗肥、壮棵肥和催薯肥。为便于追肥操作,提倡追肥在封垄前进行追施,甘薯生长后期提倡施用叶面肥。

(1)促苗肥　是在栽后7天左右,在肥力低或基肥不足的地块,可以适当施促苗肥,一般在团棵期前,每亩施用尿素3～5千克或高氮复合肥5～8千克,在苗侧下方7～10厘米处穴施,注意小株多施,大株少施,干旱条件下追肥后随即浇水,达到培壮幼苗的作用。

(2)壮棵肥　在封垄期若苗情不旺可追施壮棵结薯肥,促进早结薯和早封垄。分枝结薯期，地下根网形成，薯块开始膨大，吸肥力增强，需要及早追肥，以达到壮株催薯、稳长快长的目的，干旱条件下或南方夏薯区可以提前施用。施用量视苗情而定，长势差的地块每亩追施尿素3～5千克或高氮复合肥5～8千克，长势较好的用量可减少一半。华北春夏薯区丰产田应在此基础上适当增加磷、钾肥的用量，减少氮肥的用量，或选用含氮量稍低的复合肥。基肥用量多的高产田可以不追肥或单追钾肥。

（3）催薯肥　在中后期若出现茎叶早衰可叶面喷施催薯肥，以钾肥为主，也可以作为裂缝肥施于根部。施肥时期一般在薯块膨大始期，每亩施用硫酸钾5～10千克。施肥方法以破垄施肥较好，即在垄的一侧，用犁破开1/3，随即施肥，施肥时加水，可尽快发挥其肥效。

（4）后期根外追肥　在薯块膨大阶段及收获前30～50天，可以在下午3点以后，每亩喷施0.3%磷酸二氢钾溶液或5%～10%草木灰浸泡澄清液75～100千克，每10～15天喷1次，共喷2～3次，不但能增产10%以上，还能改善薯块品质。对8月中旬以前茎叶长势差、叶片黄化过早、叶面积系数不足2.5的植株，可喷1%尿素溶液与0.2%～0.4%磷酸二氢钾混合液1～2次，以晴天下午4～5点喷施为宜。

五、甘薯生产对营养的要求

（一）A级绿色食品甘薯施肥

☛ 必须是A级绿色食品生产允许的肥料种类。如该肥料种类不能够满足生产需要，允许使用氮、磷、钾化学肥料，但禁止使用硝态氮肥。

☛ 化肥必须与有机肥配合施用，有机氮与无机氮之比不超过1∶1。例如，施优质厩肥1 000千克，加尿素10千克（厩肥作基肥，尿素可作基肥和追肥用）。对菜用甘薯最后一次追肥必须在收获前30天进行。

☛ 化肥也可与有机肥、复合微生物肥配合施用。厩肥1 000千克，加尿素5～10千克或磷酸二铵20千克，复合微生物肥料60千克（厩肥作基肥，尿素、磷酸二铵和微生物肥料作基肥和追肥用）。最后一次追肥必须在收获前30天进行。

☛ 秸秆还田时允许用少量氮素化肥调节碳氮比。

（二）AA级绿色食品甘薯施肥

因地制宜采用秸秆还田、过腹还田、直接翻压还田、覆盖还田等形式，利用覆盖、翻压、堆沤等方式合理利用绿肥，绿肥应在盛花期翻压，翻埋深度为15厘米左右，盖土要严，翻后耙匀，压青后15～20天才能进行栽植，腐熟的沼气液、残渣及人畜粪尿可用作追肥，禁止使用任何化学合成肥料；禁止使用城市垃圾和污泥、医院的粪便垃圾及含有害物质（如毒气、病原微生物、重金属等）的工业垃圾；严禁施用未腐熟的人粪尿；禁止施用未腐熟的饼肥；叶面肥料质量应符合GB/T 17419—2018或GB/T 17420—1998等相关技术要求，按使用说明稀释，在作物生长期内，喷施2次或3次；微生物肥料可用于栽植时薯苗根蘸泥、稀释液灌穴，也可作基肥和追肥使用，使用时应严格按照使用说明书的要求操作，微生物肥料中有效活菌的数量应符合微生物肥料的技术指标。

生产绿色食品甘薯,首先是提高土壤肥力,土壤肥力指标是绿色食品生产中土壤环境质量标准的重要组成部分,施用有机肥料是保持和提高土壤肥力的主要途径。土壤增施有机肥料的主要途径有积造农家肥、种植绿肥、秸秆还田等。生产绿色食品甘薯施用的有机肥料需进行无害化处理。农家肥料无论采用何种原料(包括人畜禽粪尿、秸秆、杂草、泥炭等)制作堆肥,都必须高温发酵,以杀灭各种寄生虫卵和病原菌、杂草种子,使之达到无害化卫生标准。其次,要实行高温堆肥处理,在50~55℃的温度下处理18天,各种蝇蛆、蛹、成虫死亡率达到100%,能够达到有机肥无害化的标准。对可能受污染的,尤其是化学污染较严重的有机肥禁止使用。

应该指出的是,在我国现代高产优质农业中,每年施用有机肥5 000千克/亩以上才能满足作物的需求,且对改善品质的作用明显。只有实行有机肥与化肥配合施用,才能取得优质高产的效果。

第四节 选择产地与深耕起垄

一、选择产地

产地的选择,直接关系到甘薯的产量和品质,甚至关系到甘薯生产的成败。如选择适宜的沙壤土,甘薯产量会大幅提高;若在黏性特别高的土壤里,产量就会下降;在低洼地和宜浸地,多雨年份会造成大量薯块就地腐烂。

(一)适宜甘薯高产的土壤

薯对土壤适应性很强,在山岗、丘陵、坡地、平原、沙荒地包括沙土、沙壤土、黏土等各类土质都能种植。但要获得高产、稳产,栽培时应选择排灌方便、地下水位较低、耕层深厚、土壤结构疏松、通气性好、土壤肥沃适度、蓄水保墒保肥能力好的中性或微酸性的沙壤土最为适宜,并要求不带病虫害的地块,以无污染的平原高抗地区、丘陵岗地或山坡地为首选。

1. 耕层深厚　所谓耕层就是活土层,这是甘薯块根膨大和根系最密集的地方。耕层深厚有利于保水保肥,能提供充足的水分、养料和空气,有利于甘薯根系的生长发育,根扎得深、分布广,能扩大根系的吸收范围,从而有利于薯块的膨大。

虽然甘薯的根可以深入地下1米以上,但是约有80%的根分布在深30厘米以内的土层里。土表下0~5厘米深处,由于水分不足,甘薯根难以正常生长;25厘米以下土层通气性差,也不利于薯根生长。因此,5~25厘米深的土层是甘薯生长比较适宜的环境。实践证明，耕层深度以20～30厘米为好。超过30厘米增产效果不大，且要花费更多的劳动力。

2. 耕层疏松透气　土壤疏松是创造甘薯高产的重要条件。薯块在不断膨大的过程中，需要充足的透气性好的土壤，供氧充足能促进根系的呼吸作用。根系呼吸作用旺盛、生理机能活跃，有利于根部形成层活动、促进块根膨大，也有利于土壤中微生物活动，加快养分分解，供根系吸收。甘薯在透气性好的土壤里生长，水气调节比较理想，容易形成块根，结薯集中，薯块大而光滑，色泽新鲜，大薯率高，含水分少，品质好，产量高，耐贮藏。而在结构紧密的土壤中生长，由于土壤通气性差，导致排水不良，易受涝害，薯块细长、不光滑、产量低。土壤瘠薄的沙土地，虽然土壤通气性好，但漏水漏肥严重、养分少、耐旱性差，甘薯产量仍然不高。试验证明，甘薯的根吸收养分也需要有氧气，只有耕层疏松、土壤里空隙多，才能贮存足够氧气供应甘薯生长。土壤的通气性好，可提高钾素的吸收量，使钾、氮的比值升高，有利于光合产物向块根运转。若土层根呼吸供给能量、氧气等不足，呼吸作用降低，就影响到钾素养分的吸收，导致植株里钾与氮的比值降低，不利于薯块膨大。沙性土壤和经过深翻疏松的土壤分别比黏性土壤和浅耕紧实的土壤空隙多、通气性好。不同的土质在养料含量相同的条件下，甘薯产量有明显差别，沙性土比黏性土可以增产30%以上。

因此，高产栽培需要良好的土壤透气性，在土壤改良上要更加注重增加土壤有机质，采用机械化起垄，保证垄体高度在25厘米以上，阴雨天田间无积水。

3. 土壤肥沃适度　建立高产薯地，除应要求土层深厚、疏松以外，还要肥沃适度，才能源源不断地供给甘薯所需的养料，使其地上部和地下部协调生长。甘薯高产田要求土壤有机质含量0.8%左右，土壤水解氮40～60毫克/千克，有效磷（P_2O_5）15～25毫克/千克，速效钾（K_2O）110～130毫克/千克。当土壤水解氮达到70毫克/千克以上时，施氮容易引起茎叶旺长、产量下降。尤其需要重视的是，甘薯多种在旱薄地上，缺乏养分的现象比较普遍，而甘薯又是吸肥力很强的作物，因此，补充养分十分重要。

（二）不同甘薯生产对产地的要求

1. 普通甘薯生产　产地宜选择土层深厚、不易水浸的沙壤土，一般坡岭地亦可种植。

2. 无公害甘薯生产　产地环境条件（环境空气质量、灌溉水质量、土壤环境质量）应符合《无公害食品蔬菜产地环境条件》（NY 5010—2016）和《无公害食品产地环境评价准则》（NY/T 5295—2015）的规定，选择远离污染源、不受工农业污染及其影响、生态条件良好并具有可持续生产能力的甘薯生产区域，且排水方便、土层深厚、土壤结构疏松、富含有机质、保水保肥性能好的中性或微酸性沙壤土或壤土，并要求选择不带任何病害的地块。

3. 绿色食品生产　对基地环境的要求比较严格。生产基地选择在远离污染源、不受工农业污染及其影响、空气清新、土壤未受污染的区域，灌溉水质须符合《绿色食品产地环境质量》（NY/T 391—2013）中灌溉水质的规定。选择具有可持续生产能力、良好的农业生态环境地区，且排水方便、土层深厚、土壤结构疏松、富含有机质、保水保肥性能好的中性或微酸性沙壤土或壤土，并要求不带任何病害的地块。

（三）黏土地深耕改土的措施

对于不符合上述类型的土壤要积极创造条件改良土壤，要进行培肥地力、保墒防渍、深耕垄作等。为改善黏重土壤地区甘薯田的土壤物理性状，采用黏土地掺沙，可以改良土质、增强通气性、提高土温、加大昼夜温差,从而有利于甘薯的生长。山东省农业科学院作物研究所试验表明,在黏土上压沙,每公顷525 米^3,比不压沙的增产13.1%。据生育期12 次测定,压沙后土壤容水率降低,容气率增加。压沙后毛管持水量平均为24.5%,比不压沙的33.41%减少8.91%;容水率为13.96%,比不压沙的22.92%降低8.96%。而土壤通气性的改善,则有利于甘薯的膨大。

压沙的方法是,将沙均匀地铺在地面上并结合耕作,将沙混入耕作层。上黏下沙的黏土地,可翻沙压淤,上沙下淤的沙地则翻淤压沙。薯田通过耕作有利于改良土壤,深度以26~33 厘米为宜,可利用拖拉机、开沟机、扶垄机等机械,春薯冬前按垄距开沟,加深沟底,进行风化,早春施入有机肥,并使土壤肥料混合,破假垄封沟成垄。冬耕宜深,春耕宜早、宜浅。土壤湿度过大时,不宜深耕。

二、深耕起垄

甘薯是块根作物,需要疏松的土壤和充足的养分供应。因此,要取得甘薯高产稳产,薯田土壤必须具备耕层深厚、地力肥沃、质地疏松、保墒蓄水良好以及充足的肥料等基本条件。由于甘薯有80%的根系分布在25~30 厘米的土层内,而最适于薯块膨大的部位多在垄面下5~25 厘米深的土层中。土壤疏松有利于根际二氧化碳的排放和氧气的交换,进而影响到根系对养分中的氮、磷、钾以及微量元素的平衡吸收。所以,应采取深耕松土、施足基肥等措施来改善土壤条件和培育地力。

春薯区在前茬作物收获后用拖拉机进行灭茬耕翻、冬季冻垡松土。深耕与改土结合进行,做垄要因地制宜,黏土地、地势低洼易涝地及地下水位高、土壤肥水高的地块和生长中、后期雨水偏多的地区,宜做大垄、高垄,垄距1 米左右,垄高25~33 厘米,每垄1 行。排水条件好的土地,用起垄机整成宽80 厘米、高25~30 厘米的垄即可。传统甘薯种植主要依赖人工,费工费力、成本高,限制了甘薯的发展。由于缺少相应机械,植保管理、配方施肥、高档次商品薯开发等均难以实施。现代机械所起垄直、垄形整齐,垄顶有半圆形沟槽,种植时在沟槽内放水,墒情好、薯苗成活率高,且省工、省水、栽插效率高,起垄连施肥一次性完成。

近年来,连云港元天农机研究所等针对地势低洼多雨易涝地及地下水位高的平原地区研制了大垄双行栽培模式,其设计理念是起垄与拖拉机以及配套的作业机械完全融合,在地块大的地区推广使用,可节约大量劳动力,有利于标准化栽培。大垄双行栽培模式更适合雨水较多地区。大垄双行垄距一般在160 厘米,其顶部两行间距60 厘米,创新点是垄距和拖拉机轮距相同,在起垄后大型拖拉机仍可进地,可完成机械化栽插、中耕、追肥、除草、切蔓、收获等作业,以拖拉机为作业平台可开发更多配套机械。另外,大垄双行垄体较高,雨后降渍快,利于块根膨大,同时收获时收获机铲土量大幅度减少,作业轻松。

第五节

栽插技术

一、壮苗适时栽插

（一）选用无病壮苗

从甘薯组织结构研究发现，甘薯茎蔓上的节都有许多根原基，能生根、膨大、形成薯块。在茎节的幼嫩阶段早期形成的根原基较粗大，长出的幼根较粗，很易于形成块根。反之，较晚形成的根原基较细小，长出的幼根较细，不易形成块根，而多为须根（纤维根，即吸收根）。另外，薯苗质量和品种与薯块形成和膨大也有关系，壮苗或薯蔓顶端幼嫩部分根原基数目多且大，形成层活动能力强，容易分化成块根，弱苗和老硬蔓苗根原基细小，形成块根就少。不同品种发根粗细和幼根内木质部束数不同，其中木质部束数多者，易于形成块根。因此，在选用优良品种的前提下，采用蔓顶端幼嫩部分，因蔓头苗带病少，且长出的幼根粗壮、形成薯块早，是获得甘薯高产的先决条件。

采苗前 5 ~7 天逐渐揭膜炼苗，在常温条件下炼苗。从而达到壮苗标准：苗长 23 厘米左右，展开叶片 7 ~8 片，叶色浓绿，顶三叶齐平，茎粗节短无病斑。根原基多，百株苗重 750 ~1 000 克。壮苗扎根快、成活率高、结薯早、耐旱能力强，据各地试验，壮苗比弱苗增产 10% ~15%。

（二）适时栽插

根据气候条件、品种特性和市场需求选择适宜栽期，一般在土壤 10 厘米地温稳定在 16℃以上时栽植。一般河南省春薯栽植以 4 月下旬为宜，保护地栽培可提前到 4 月上旬，地膜覆盖栽培可提前到 4 月中旬。

（三）甘薯栽插技术

1. 栽插时间　最好选择阴天土壤不干不湿时进行，晴天气温高时宜于午后栽插。大雨天气栽插甘薯不好，易形成柴根，应在雨过天晴土壤水分适宜时再栽。如果是久旱缺雨天气，应考虑抗旱栽插。

2. 甘薯栽插的方法　甘薯栽插方法对产量的形成关系密切，应当根据地区的具体条件，因地制宜地选择栽插方法，目前甘薯的栽插方法主要有以下几种（见图 1 -9）：

（1）水平浅栽法　选用薯苗长 25 ~30 厘米较适宜。入土各节平埋在 3 厘米深的浅土层里，各节都能生根结薯，在水肥条件好的条件下能发挥增产作用。其优点是结薯数多而均匀，适于小面积高产栽培及生产“迷你型”甘薯，但抗旱性能较差。如果肥水条件差，结薯数量多、小薯率较高，而营养跟不上，也会影响产量。为了保全苗、增强抗旱性能，可将尾部两节直插深层,此法为“改良水平栽法”。

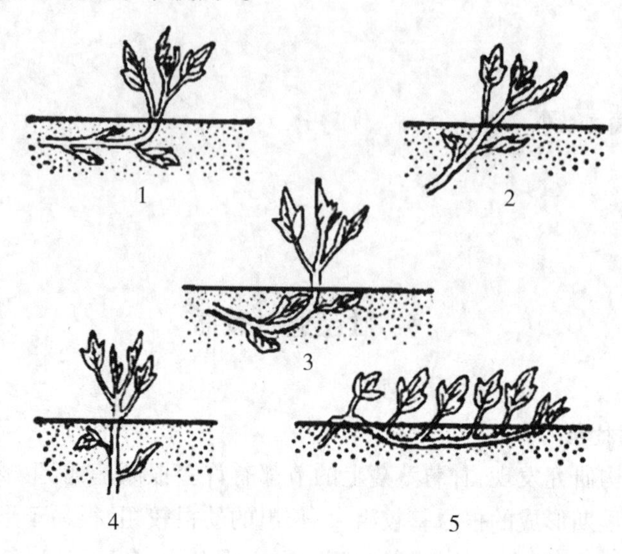

图1-9　甘薯栽插的5种方法

1. 水平浅栽法(薯块多,不抗旱)　2. 斜插法(薯块少且大,较抗旱)
3. 船底形栽法(薯块大,易空节)　4. 直栽法(薯块少且大,抗旱强)
5. 压藤栽插法(薯块多且大,不抗旱)

(2)斜插法　薯苗栽入土里的节位比直栽法较浅,优点是耐旱、操作容易、抗风,早成活、单株薯块较大等,适宜短苗栽插,缺点是薯块数量少。该法适于山坡和干旱地块,推广深斜插法对保苗有重要意义。

(3)船底形栽法　一般薯苗稍长,将苗的基部在浅土层内(2~3厘米),中部压入土中各节略深(4~6厘米),沙地深些,黏土地浅些,首尾稍翘起呈船底形。该法适于土质肥沃、土层深厚、肥水条件好的地块。由于多节位处在地表层,有利于结薯,因而产量较高。具备水平插法和斜插法的优点,缺点是入土较深的节位如果管理不当,容易成空节。

(4)直栽法　选用短苗直插土中,入土3~4个节位,薯苗入土较深不易受旱,成活率较高。该法适于山坡和干旱瘠薄的地块。优点是大薯率高、抗旱、缓苗快,缺点是结薯数量少,应以密植保证产量。

(5)压藤栽插法　适宜南方多阴雨地区或夏薯繁种种植,选用长苗水平栽插法,将去顶的薯苗,全部压在土中,每节叶片多露,栽好后用土压实浇水。促使腋芽萌发,优点是由于插前去尖,破坏了顶端优势,可使插条腋芽早发,节节萌芽分枝,生根结薯,茎叶较多,促进薯多薯大,且不易徒长。缺点是抗旱性能差、费工,多采用小面积种植。

另外,留三叶抗旱保苗栽插法也是常用甘薯栽插方法之一。甘薯的叶面积比较大,蒸腾作用强,特别是在春季干旱条件下需水量更多。而刚栽插过的薯苗根系尚未形成,如果此时将大部分叶片暴露在土壤表面,仅靠埋入土中的茎部难以吸收足够的水分,结果造成叶片与茎尖争水,遇到晴热高温天气时茎尖呈现萎蔫状态,返苗期向后推迟,严重时造成薯苗枯死,而地上部少留叶片,埋入湿土中的叶片可有效地解决薯苗的供水问题,叶片不仅不失水,还可从土壤中吸收水,同时减少蒸腾,提高成活率。留三叶还保证了地上部生长均匀一致，克服大小株现象，有利于提高商品薯率，平衡增产。甘薯结薯一般集中在三叶节、四叶节，在栽插时提倡入土的薯苗基部呈水平状，使基部节间不要太深，促进更多节间结薯。具体操作办法为先刨坑，后浇水，再插苗，留三片展开叶，其他各节埋入土中呈水平状，然后待水分渗完后埋土，将大部分展开叶片埋入土中。

3. 栽插注意事项

(1) 浅栽　浅栽结薯，深栽抛秧。土壤疏松、通气性良好、昼夜温差大的土层最有利于薯块的形成与膨大，因此栽插时薯苗入土部位宜浅不宜深，必须在保证成活的前提下实行浅栽。浅栽深度在土壤湿润条件下以 5 ~ 6 厘米为宜，在干旱地深栽也不宜超过 8 厘米。

(2) 适当增加薯苗入土节数　利于薯苗多发根、易成活。入土节数应与栽插深浅相结合，入土节位要埋在利于块根形成的土层为好，因此以使用 20 ~ 25 厘米的短苗栽插为好，入土节数一般为 4 ~ 5 个。

(3) 栽后保持薯苗直立　直立的薯苗茎叶不与地表接触，避免栽后因地表高温造成灼伤而形成弱苗或枯死苗。

(4) 点水栽插　改变等雨栽插，实行点水栽插，不仅可以争取时间早栽增产，而且能达到根与土紧密结合、提早成活的目的。

(5) 高温、干旱季节可用埋叶法栽插　由于甘薯的叶面积较大，通常需要较多的水分供其生长，特别是薯苗栽插后对水分需求较高。春薯栽插时如遇干旱或干热风，或夏薯栽插时如遇高温干旱，将地上部茎叶用潮土封盖，厚约 3 厘米，埋土时，要将尽可能多地将叶片埋入土中，等 3 ~ 5 天扎根成活后再清除覆土，有利护叶、保全苗、早返苗、增产。

虽然甘薯栽插机可以大大提高甘薯栽插的生产效率，但目前栽插机仍需进一步地完善配套。2007 年由中国农业科学院甘薯研究所李洪民研究员主持完成的"甘薯栽插用浇水施肥破膜器"专利技术在甘薯省力节本栽培上的应用，不仅大幅度降低了劳动强度，而且确保了栽植密度和成活率。

(四) 趁墒适时栽种

趁墒适时栽种是旱地成功的保苗经验。但若栽期长期缺墒，需抗旱栽种，栽时加大浇水量。夏薯抢时早栽是充分利用高温期的热量和光能资源、夺取高产的重要措施。据试验资料分析，夏甘薯每早栽一天，可增加有效积温 10℃以上，1℃有效温度每亩可增加鲜薯 3 千克左右。采苗后将薯苗捆成捆，薯苗基部 6 厘米左右放入蘸上稀泥，栽前暂放阴凉处，护根防脱水，以利栽插成活。据观察，拉泥条的薯苗扎根快，返苗快，成活率高。茎线虫病区栽时将 30% 辛硫磷微胶囊剂等按 1∶5的比例配好后，再将薯苗基部 10 ~ 15 厘米完全浸入药液中，使药液充分附着在薯苗表面，蘸根 5 分，可有效防治甘薯茎线虫病。

(五) 栽插时避免大水漫灌

有些薯农为了节约工时采取栽后灌沟或大雨后栽插，这种方法虽然可保证较高的成活率，但往往出现长时间薯苗生长不旺。原因在于漫灌后栽插，土壤呈现水分饱和状态，土温偏低，土壤板结，土壤中氧气含量减少；雨后栽插更容易破坏土壤结构，造成土壤黏重，黏土地更加明显；由于不良的土壤条件妨碍了根系的发展，根系生长缓慢，返苗慢，生长延迟，甚至造成僵苗不发；黏土地栽插时漫灌或雨后栽插影响更大。因此，甘薯栽插一般应选晴天采用浇窝水埋叶法栽插,这样土温较高,土壤氧气充足,养分分解快,薯苗返苗快,生长势强。

二、合理密植

甘薯的栽插密度应与栽插时间、品种特性、土壤肥力、光照强度、生产用途等密切相关,合理密植就是要形成一定的群体结构来促进个体与群体的对立统一,最大限度地利用地力和阳光,使地上部和地下部协调生长,充分发挥整个群体的生产力,协调单位面积株数、单株薯数和单株薯重三个构成产量的关键因素,最终提高单位面积产量。

一般情况下栽插期早的密度小些,栽插期晚的密度大些;甘薯品种为大叶型的密度小些,甘薯品种为小叶型的密度大些;品种株型紧凑的密度大些,品种株型松散的密度小些;土壤肥力水平高的密度小些,土壤肥力水平低的密度大些;大田浇灌条件好的密度小些,大田浇灌条件差的密度大些;南方等光照强的区域密度小些,北方等光照弱的区域密度大些;鲜食用甘薯密度大些,工业淀粉用甘薯密度小些。一般北方单行垄作春薯密度为 3 000 ~ 3 300 株/亩。

第六节 田间管理

一、前期管理

从栽植至有效薯数基本形成为生长前期(发根分枝结薯期),春薯为栽后至 60 ~ 70 天。本期末茎叶进入封垄期,茎叶覆盖地面,叶面积系数一般达 1.5 左右,高产地块达 2.5。主攻目标是根系、茎叶生长,管理的核心是保证苗全、苗匀、苗壮。

1.查苗补栽,消灭小苗和缺株　栽后 1 周左右及时查苗补苗,补苗选用壮苗在下午或傍晚时补栽。最好在田头与大田同时栽一些预备苗以便补缺时用,补苗时将预备苗浇水后连根带湿土挖出,放入缺苗处穴内,浇水封土即可。

2.及早中耕除草

(1)人工中耕除草　应从栽插成活后至封垄前,中耕 1 ~ 2 遍,中耕最好在草芽萌发后进行,先深后浅,免留“围根草”“卡脖泥”,确保甘薯茎叶封垄前田间无杂草。此外,雨后地表发白时中耕有松土保墒的作用。

(2)化学除草　使用除草剂能大幅度降低劳动成本,提高除草效率,节约大量的劳动力,减少除草作业对薯垄的破坏。薯苗在沾染少量除草剂后会使叶片出现枯斑甚至整片叶枯萎,顶端生长缓慢,施用时尽量不要喷到薯苗上。

3. 秸草地面覆盖　甘薯栽后每亩覆盖 300 ~ 400 千克的麦糠、麦秸等作物秸秆,有利于保墒、减少杂草,并能增加土壤有机质改善透气性。

二、中期管理

从结薯数基本稳定至茎叶生长达高峰为生长中期(蔓薯并长期),春薯在栽后 60 ~ 100 天。本期末叶面积系数达到高峰值 4.0 ~ 4.5,本期主攻目标是地上部、地下部均衡生长。管理的核心是茎叶稳长,群体结构合理,根据茎叶生长特征看苗管理。

(一)防旱排涝

当叶片中午凋萎,日落不能恢复,且持续 5 ~ 7 天的,有水利条件的可浇半沟水。2013 年,河南省汝阳县春薯在长期干旱的情况下,每浇 1 次水,每亩可增产鲜薯 500 千克左右。遇到多雨季节,使垄沟、腰沟、排水沟"三沟"相通,保证田间无积水。

(二)提蔓不翻蔓

长期阴雨天造成土表潮湿,接触土壤的薯蔓节间处容易产生细根,有些可以膨大成块根,造成养分分流,为减少这种损失,传统上通过翻蔓切断这种根系,让叶片朝下,架空茎部,不使其接触地面。多处试验结果表明翻蔓会造成不同程度的减产,翻秧两三次,减产两三成。原因为:翻蔓打乱了均衡的茎叶分布,藤蔓翻转后需要大约 1 周时间恢复,光合作用效能降低;甘薯生长中后期藤蔓相互交织在一起,有些往往跨过几垄,逐个分离很困难,翻蔓时容易折断薯蔓,扯掉薯叶,导致产量降低;再者,目前甘薯育种单位均不采用翻蔓措施,新品种是在不翻蔓条件下选育出的,适合自然生长状态,不需要费力费时进行翻蔓。甘薯藤蔓正确的管理方法是在前期结合除草适当提蔓,减少藤蔓扎根,使得后期能够接触地面的藤蔓所占比例不高,大部分悬空生长,一般扎根现象并不严重。

(三)控制旺长

在薯蔓并长期,如果氮肥过量、雨水过多,土壤湿度大,通气性差,再加阴雨天气多,易引起茎叶旺长。凡茎尖突出、茎叶繁茂、叶色浓绿、叶柄长为叶宽的 2.5 倍以上,叶面积系数超过 5 的,可认定为旺长田。对旺长田管理的措施是提蔓、不翻秧、不摘叶;喷洒 1 ~ 2 次 0.2% ~ 0.4% 磷酸二氢钾液;每亩用 15% 多效唑 100 ~ 150 克,对水 60 千克,叶面喷打化控 1 ~ 2 次。水肥地应适当早控。

(四)防止早衰

脱肥田叶片黄化过早,叶面积系数不足 3.5,可喷施 1% 尿素与 0.2% ~ 0.4% 磷酸二氢钾混合液 1 ~ 2 次。

(五)防治红蜘蛛

当甘薯叶片上有红蜘蛛危害时,要及时防治,具体防治方法请参见本书第五章相关内容。

三、后期管理

从茎叶生长高峰期至收获为生长后期(薯块盛长期),春薯在栽后100天以后。本期主攻目标是:护叶、保根、增薯重。本期末叶色褪淡即正常落黄,叶面积系数在2.0左右。

(一) 防早衰

若9月叶面积系数下降过快,落黄较早,可喷洒1%尿素与0.3%磷酸二氢钾液,促进光合产物的合成。

(二) 控制旺长

若后期叶色依然浓绿,叶面积系数不见下降,可以提蔓不翻秧,喷洒2遍0.4%磷酸二氢钾液促进薯块膨大。

(三) 防旱排涝

遇连续干旱应浇水,遇连阴雨时及时排除田间积水。

(四) 防治食叶性虫害

发现有甘薯麦蛾等食叶性害虫危害时,要及时防治,具体防治方法请参见本书第五章相关叙述内容。

(五) 适时、安全收获

1. 适时收获　甘薯薯块的成熟无明显期限,收获时期通常根据当地温度和用途而定。

(1)看甘薯用途　对不同用途(如加工、鲜食、留种等用)、不同情况(如需腾茬)的甘薯,其收获期应分别对待。甘薯在地温15℃以下块根停止膨大,10℃以下茎叶开始枯死,薯块在9℃以下时间长了易受冷害。如作鲜食用商品薯,早上市,趁价格高效益好,特早熟品种可早收,如特早熟品种豫薯10号,春薯到8月上中旬即可上市,每千克2元,每亩鲜薯产1 500~2 000千克,产值达3 000~4 000元,还能种一季冬菜。还有早熟高产品种如郑薯20、龙薯9号、苏薯8号等早熟高产品种,春薯到8月下旬生长期120天上市,每千克约1.6元,每亩鲜薯产1 500~2 000千克,产值达3 000~4000元。如需早腾茬,可在10月上旬收获,但甘薯产量减收10%左右。

(2)看温度　当地温降至18℃以下,淀粉就停止积累,因此,淀粉加工用薯,在地温降至18℃以下时,即可收获加工淀粉;若留种用及作商品薯贮藏的鲜薯,当地温降至15℃以下时开始收获,先收春薯后收夏薯,先收种薯后收食用薯,至12℃时收获基本结束。

2. 安全收获　收获时,要做到安全收获,先收春薯后收夏薯,先收种薯后收食用薯,至12℃时收获基本结束,选无雨天上午收刨,当天下午入窖。

甘薯收获方法有多种,机械收获、半机械收获和人工收获。使用机械收获要求尽量连片种植,田间做垄的规格要均匀一致。半机械收获,利用简易机械化先将薯块挖出,然后人工捡拾、分装。徐州甘薯中心研制的以小四轮拖拉机作动力的收获犁效果较好,该收获装置使得工作效率比人工收获提高10~15倍,甘薯收获损伤率与漏收率均比人工刨收大幅度减少,特别是在沙壤土大面积种植、结薯位置正常的田块,漏收率与损伤率均低于1%。田块较小、丘陵坡地以及沟边、田埂、梯田堰边和保护地种植的甘薯须人工收获，人工收获比较灵活。

无论是机械收获，还是人工收获，收获时要注意做到“四轻”“五防”。“四轻”即轻刨、轻装、轻运、轻放，“五防”即严防受暴晒、防霜冻、防过夜、防碰伤、防雨淋水渍。有条件最好用塑料箱分级、分品种装箱或用条篓装运，严防破伤和污染。装运时筐内垫草，避免碰伤，尽量减少薯块破损。入窖前要严把质量关，把有损伤、病虫害、龟裂的薯块杜绝入库或单独存放。作为种薯贮藏的薯块，在田间收获时要特别注意将不符合本品种特征特性的薯块剔除，以保证种薯质量。入窖贮藏期间，还要注意通气、保温，冬季保持窖温在10～13℃，空气相对湿度保持在85%～90%，窖内留足1/3空间，保证有足够的氧气。

第七节

甘薯生育异常成因诊断与防治

一、甘薯不同生育时期田间诊断技术

甘薯不同生育时期异常形态表现诊断见表1－3、表1－4。

表1－3 甘薯发根分枝结薯阶段（前期）田间诊断技术

诊断部位	表现症状	发生原因
苗	栽插后，落叶多或心萎蔫	弱苗，栽插粗放
	苗地下白色部位发黑，逐渐蔓延达茎基部，叶变黄脱落	黑斑病
	苗内维管束部位被细菌破坏，叶片萎蔫青枯	甘薯瘟病
	根尖发黑，向上扩展。苗矮小，节短，叶黄变脆，自下而上脱落，严重的干枯死亡	根腐病（烂根病）
	苗叶皱缩呈波状，叶面间或有黄白条斑	病毒病
	苗叶自下而上变黄，茎基部膨大纵裂，小株枯萎	枯萎病（蔓割病）
	苗色黄，茎叶被蛀食	小象鼻虫危害
	薯苗靠地面处被咬断，或茎基部及根系被咬	小地老虎（切根虫）、蝼蛄、金针虫危害

续表

诊断部位	表现症状	发生原因
茎叶	顶叶及叶色浓,顶端叶平,不冒尖,茎叶粗壮	壮苗,肥水适宜
	叶带紫色,或幼芽僵老不长,分枝丛生	低温
	顶叶及叶片色淡,叶小,顶芽停滞不长,分枝也少	缺氮、低温、弱苗
	叶片小,叶柄短,苗生长慢,叶褪色	缺钾
	栽后20~40天,顶芽向前伸长,而腋芽不萌发成分枝	缺氮,结薯延迟
	顶梢冒尖或苗顶端叶片焦黄枯萎	前者是肥、水过多,开始徒长。后者是施肥浓度过大
根	栽后20~35天,纤维根变粗大,肥润的条数多	适温,通气,肥水足,苗壮
	细根过多	氮、水过多,通气不良
	结薯期柴根多	干旱、低温

表1-4 甘薯茎叶盛长薯块相应膨大阶段(中期)田间诊断技术

诊断部位	表现症状	发生原因
茎叶	叶黄而小,叶柄短,节短,茎细,手触植株有脆硬感	缺氮、缺水
	叶片小,老叶出现大片黄斑,后变紫色,不久脱落	缺磷
	叶背面有斑点,凹凸不平	缺钾
	腋芽大量萌发,枝叶繁茂,相互荫蔽,叶大色浓,叶柄及节间过长	氮肥、水分过多,光照不足,已徒长
	常年不开花的品种开花,植株又矮小	干旱或感染烂根病
	茎节扎根多或茎上结小薯	水分多
	叶卷曲,呈网状	卷叶虫(甘薯麦蛾)危害
	叶片虫孔多,沿叶缘被咬成缺刻	甘薯天蛾、斜纹夜蛾危害

续表

诊断部位	表现症状	发生原因
茎叶	叶色逐渐落黄,顶端停止生长,略下缩	生长正常
	叶片黄化过早(9月)叶面积系数下降过快	早衰,后期缺肥
	叶色依然浓绿,叶面积系数不见下降	水肥过多,贪青徒长,氮多
	叶面生圆形或不规则形灰褐斑点,病斑边缘隆起,其上散生黑色小点	秋雨多,酸性土,发生斑点病害
	前期病害继续存在时,茎叶早枯萎	前期遗留病害
	前期虫害继续危害	以食叶害虫为主
	后期叶脉严重缺绿,出现褐黄斑点,落叶多	缺钾
薯块及根系	薯数少	低温,早栽
	大薯少	苗差,品种特性
	柴根多	前期土壤水分少、栽苗木质化
	毛根多	氮多、水多
	薯块不整齐	大小株现象所致,栽种深度不一
	薯块圆而短	高温,栽层浅,前期干旱
	薯块长	低温,高湿,耕层深
	薯裂口	过干过湿,膨大过快,品种特性,生理裂口
	薯梗长	栽得过早,干旱
	外皮有黑痣病斑,不凹陷	黑痣病,高温多雨,土壤黏重
	薯表有紫褐色网状菌丝	紫纹羽病
	薯拐、薯梗或薯皮上有黑斑	黑斑病
	薯块上有虫蛀孔	蛴螬、金针虫、小象鼻虫危害
	切口不流汁液,有酒精味	水浸湿害
	切口不流汁液,呈水浸状	软腐病即将发生冷害
	切口呈糠心	茎线虫病危害

二、畸形薯和裂皮薯形成的原因及其预防措施

甘薯种植户在一味提高产量的同时,忽略了一个重要的问题,就是在块根生长过程中常常会出现畸形薯、裂皮薯,这些薯块没有利用价值,严重影响了薯块的商品性,大大降低

了甘薯的种植效益。

（一）畸形薯和裂皮薯形成的原因

甘薯根可分为须根、柴根和块根3种形态。从薯秧或种薯苗上长出的幼根叫纤维根也叫须根，呈纤维状，有根毛，根系向纵深伸展，一般分布在30厘米土层内，最深可超过100厘米，具有吸收水分和养分的功能。在土壤湿度过大、通气不良或氮肥过多的条件下，有利于纤维根形成；在日照充足、昼夜温差大的适宜温度、土壤通气性好、肥水条件适宜的条件下，可使纤维根的形成层活动力增强，抑制其木质化作用，有利于根的加粗而形成块根；相反，如果遇到土壤湿度过小、土壤干硬、通气不良等不利环境条件，就会使块根的膨大受阻，从而形成牛蒡根，也叫梗根或柴根，没有利用价值。须根在生长过程中遇到土壤干旱、高温、通气不良等不利环境条件，尤其在重茎线虫病地或在甘薯生长过程中，高温干旱过后突然降水或浇水，使原本停止生长的块根又处于适宜的生长条件下，但此时的块根表皮局部或全部已经老化，而没有老化的部分迅速恢复生长和淀粉合成，从而形成各种各样的畸形薯、裂皮薯（见图1-10）。要避免形成畸形薯或裂皮薯，就要在品种与土壤选择、防病、水肥管理等方面采用科学管理的综合措施。

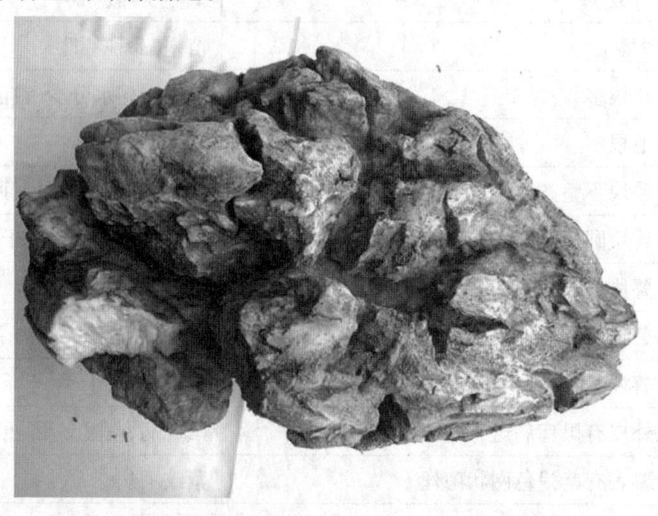

图1-10　在田间形成的北京553裂皮薯（河南汝阳）

（二）畸形薯和裂皮薯的预防措施

1. *选用良种，培育无病壮苗*　从生产实践中发现品种间抗裂皮薯性及抗茎线虫病性差异明显，北京553、郑166-7和豫薯12号等品种特别容易形成裂皮薯，而在同一地块种植的宁选1号（红香蕉，高产早熟型）就没发现裂皮薯。因此，首先选用抗裂皮薯性的脱毒优良品种如皖薯3号、南薯99（淀粉加工和饲用型）、苏薯4号（食用和果脯加工型）和宁选1号（红香蕉，早熟、高产食用型）及湘薯75-5、岩薯5号、金山57、泉薯10号等高产抗病良种。推广甘薯脱毒薯块育苗技术，保持品种优良性状，防止品种退化，培育无病壮苗。

2. *深耕改土，协调土壤水、肥、气、热之间的关系*　甘薯虽然对土壤要求并不严格，但最好还是选择表土疏松、排水良好、富含有机质、土壤肥沃适宜、土层深厚的沙质壤土或壤土。通过适当深耕，采用黏土掺沙，沙土加泥，改良土壤质地；施好以稻草、小麦、玉米秸秆有机肥为主的包心肥，增加土壤有机质含量，提高土壤的通透性，改善土壤理化性状。提高保水保肥和抗旱能力,为甘薯生长和块根形成、膨大提供耕层深厚、肥沃疏松的土壤环境。

3.加强水分管理　甘薯生长适宜土壤水分指标是以最大持水量的60%~80%为宜,随着分枝结薯和茎叶的盛长,土壤持水量应增加到70%~80%,后期持水量保持在60%~70%时有利块根快速膨大。持水量小于50%时,影响前期发根长苗和后期块根膨大速度。有一些畸形薯,是由土壤干湿不当所致,有的甘薯块根在膨大过程中出现裂缝,往往是在分枝结薯阶段干旱严重后才浇水或下雨而造成的。所以,在甘薯分枝结薯阶段要保持田间最大持水量的70%~80%,其余时期保持田间最大持水量的60%~70%,才能避免裂皮薯。遇干旱应及时灌溉,减轻土壤干旱影响,降低土温(22~24℃最适宜),促进块根形成。灌溉以灌半沟水或跑沟水为宜,提高土壤含水量,降低土温,抑制牛蒡根的形成。

4.根据甘薯的需肥特性合理施肥　甘薯的一生中钾肥需要量最大,氮肥次之,磷肥最少。氮肥的需求多集中在封垄前,在结薯期切忌施过量氮肥,此时如果土壤中速效氮含量过高,幼根中柱细胞老化形成纤维根,难以膨大为块根。所以在施肥时一定要注意封垄前重施氮肥,中后期重施钾肥。

5.防治茎线虫病、减少薯块裂皮　防治茎线虫病的措施请参考本书第五章相关内容。

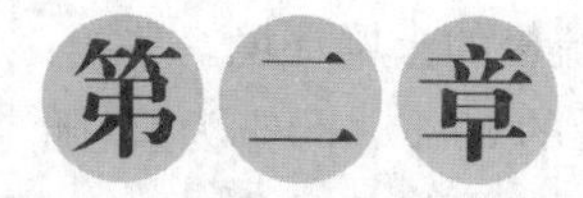

第二章

旱地甘薯栽培技术

本章导读：我国甘薯旱地栽培面积很大，要提高甘薯产量必须科学应对干旱天气对甘薯生产造成的不良影响。在我国大部分干旱薯区，地膜覆盖栽培技术是一项突破性的增产技术。甘薯盖膜后能增温保墒、改善土壤物理结构、加速土壤养分分解、抑制杂草、加快茎叶生长和薯块膨大、延长生育期、增加光合产物的积累，一般增产15%～30%。本章将介绍旱地甘薯栽培技术，为避免重复，章节中只介绍与春薯栽培技术的不同点，其他可参照春薯栽培技术相关内容。

第一节

蓄水保墒，以肥调水

一、冬前深耕改土

针对冬季风多、雪少、土面蒸发量大的特点，为保住秋墒，采取冬耕随耙、不留垡头、接纳雨雪的保墒措施。

二、提早起埂，提高保墒、蓄墒效果

春薯地于年前深耕施肥、随即起埂、搂平拍实，以便达到旱天保墒、有雪蓄墒的目的。虽然不提倡年前起埂，但也不提倡随起埂随栽种。一般要求栽插前1个月左右起埂，以便踏实土壤，有利保墒。

三、起埂打格子

在岗地上于栽前1个月沿着等高线起埂，埂宽60～70厘米，埂高15～20厘米，每隔2～3米在沟内打一个土格，以便雨季蓄水，防止水土流失。据各地试验结果，起埂打格子较平栽鲜薯增产6.7%～35.4%，平均增产18.5%；起埂打格子比平栽的土壤含水率增加0.3%～2.1%（见图2－1）。

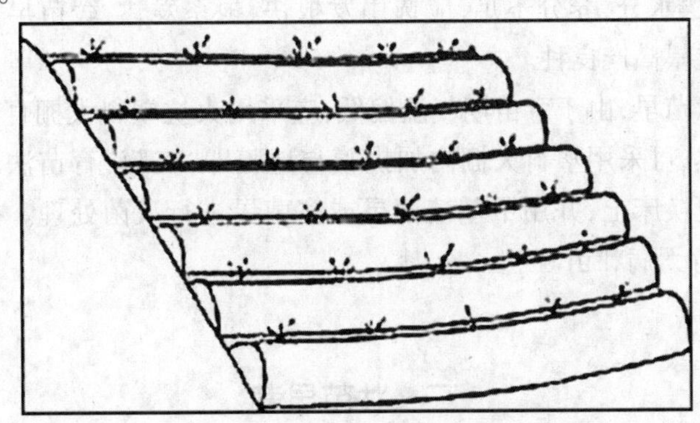

图2－1 坡地等高做垄示意图

四、肥水调控

由于旱地无水利条件，完全依靠自然降水，为提高自然降水的生产效率，培肥地力是一个有效途径。据不同肥力水平的试验结果表明，每毫米降水在高肥区（鲜薯 2 500 千克/亩）可生产鲜薯 5 ~6 千克；中肥区（鲜薯 1 500 千克/亩）为 2.5 ~4 千克；低肥区（鲜薯 1 000 千克/亩以下）仅 1.0 ~1.5 千克。为了充分发挥肥效，促进甘薯早发，在目前施肥水平还不高的条件下，以有机肥、磷钾肥、化肥全部掩底，经济效益较高。底施比追施增产 10% ~15%，施肥越晚增产效益越小。高肥区追肥宜早，于团棵期每亩追施烟草专用肥（氮、磷、钾分别含 10%、10%、20%）15 ~20 千克为宜。遇干旱采用"打肥水针"，增产效果比较明显，即每亩打 100 千克水加复合肥 2.5 ~5.0 千克，先在株间打水，灌适量肥水后，随即封住洞口。

第二节

选用良种，确保一插全苗

一、选用抗旱品种

由于旱薄地土壤水分、养分不足，应选用发根快、根系发达、缓苗早、长势旺盛、根冠比大、后期不早衰的抗旱高产良种。

春薯栽种早、育苗早，由于育苗期气温偏低，应采用火炕塑料大棚育苗、火炕育苗、地热线育苗等；如不加热，可采用塑料大棚内加拱膜与地膜即"三膜"育苗法。凡是用老苗床育苗的，在育苗时需更换床土，并用甲基硫菌灵或多菌灵进行灭菌处理。提前于当地栽植前 35 ~40 天育苗，培育无病壮苗。

二、壮苗早栽

采苗前几天经低温处理（20 ~25℃条件下炼苗晒苗），提高薯苗素质。壮苗标准：苗长

23 厘米左右，展开叶片 7 ~ 8 片，叶色浓绿，茎粗壮，节间短，无病。百株苗重 750 ~ 1 000 克。壮苗扎根快、成活率高、结薯早、耐旱能力强，据各地试验，壮苗比弱苗增产 10% ~ 15%。适时趁墒抢栽是旱地的保苗经验，常用的保苗促活措施有：①拉泥条。采苗后，捆成捆，将苗基 6 厘米左右放入胶泥盆内，取出放至湿润阴凉处，以备栽插。据观察，拉泥条的扎根快、返苗快、成活率高。②假植催根栽种。采苗后如遇寒流、干风或土壤墒情差等不利条件，捆成小把假植水池中 10 ~ 15 天，待催出幼根，趁土壤墒情好或点水抗旱栽插。据试验，催根比不催根返苗快、扎根早、结薯早、增产在 10% 以上。③留三叶埋大叶、抗旱点水栽插。留三叶栽插法是采用水平栽插，封土时地上部分只留苗上部三片展开叶，下部叶子在封土时都埋入土内。这种方法比叶片全部露出地面或把下部大叶剪去成活率高、返苗快、干叶少、小株率低。如果遇到风沙、干旱严重时，栽后把地上部用潮土封盖 3 ~ 7 厘米。春薯于栽后 3 ~ 5 天、夏薯于栽后 2 ~ 3 天清除封土，遇雨时更要及时清土，这对保苗也有一定的作用。

第三节

机械覆膜，科学栽种

地膜覆盖具有明显的增温保墒增产作用，采用覆膜措施可将春薯的栽插期提前 10 ~ 15 天，达到早栽早收、提高产量、改善薯块的外观品质、提高种植效益的目的。

一、机械覆膜

采用垄栽覆盖，一垄单行或一垄双行，单行垄宽 0.8 米，双行垄宽 1 米。覆膜方法有人工覆膜法和机械覆膜法，20 世纪 80 年代至 90 年代多采用人工覆膜，效率低，效果相对较差；进入 21 世纪以来，随着覆膜机械的发展，覆膜效率大为提高，甘薯地膜覆盖技术得到了大面积的应用（见图 2 – 2）。

图 2-2　甘薯机械覆膜

二、栽种方法

人工覆膜可先栽苗后覆膜,然后按每株位置开孔,掏出薯苗,再抓土盖压膜孔。机械覆膜一般采用先盖膜后栽种,可提前趁墒盖膜,栽时在膜上打孔栽苗,用直径 0.5 厘米、长约 25 厘米的铁钎由膜面斜插入土,拔出后形成深 7 厘米、水平长 10 厘米的洞,然后将薯苗插入洞内,待水下渗后,再用手轻轻按一下薯苗插入部位的垄面,使薯苗根部与土紧密结合,再用土将膜口封严。为防除田间杂草,覆膜前可在垄面均匀喷洒适宜的化学除草剂,喷后立即覆膜。除草剂的使用请参考本书第五章相关叙述内容。

盖膜后可使地温提高,因此春薯栽期应适当提前。中原地带,在 4 月上中旬、地温稳定在 16℃时即可栽种。由于地膜覆盖后甘薯生长旺盛、单株发育相对较好,因此栽种密度应比露地栽培密度小 10% ~20% 。

三、地膜覆盖田容易出现的问题及应对措施

早在 20 世纪 90 年代,河南省洛阳市甘薯地膜覆盖面积曾推广到 6 700 公顷,取得了显著的增产效果,但在不同的年份和不同的地区也曾出现过一些问题,归纳出现的问题及应对措施如下:

(一) 地膜破损

出现原因是盖膜压土不紧、大风刮坏、牲畜或其他动物践踏。解决办法:

☛ 用稍湿的土压膜边,压后用脚踩实,覆膜盖后要经常进行田间检查,如发现地膜有破损,应立即用土压膜,如发现有死苗,应及时补栽。

（二）膜下及薯苗周围有大量杂草

出现原因是田间杂草残留种子多，膜孔压土不严，膜内进气，多给杂草滋生创造有利条件。解决办法：

☞ 如发现膜内滋生杂草不能被高温灼死时，可在垄上杂草多而大的地膜上盖土，使杂草得不到光照而死亡。

☞ 如果杂草较大破膜而出，可把有草处的薄膜揭开，将其拔出，然后将膜盖好用土压紧。

☞ 盖膜前在垄面上喷施除草剂。

（三）有些旱年盖膜后不增产

原因是甘薯生长前期很少下稍大的雨，很多次降水都是小雨，这些小雨被地膜隔离，不能被甘薯所利用，使旱情加剧。解决办法：

☞ 认真做好蓄水保墒耕作，造好底墒。

☞ 在做垄时，将垄面做得稍宽一些，并使垄面呈凹形，如降水量是几毫米，垄面地膜接纳的雨水会立即流到薯苗根处，渗入土壤被甘薯根系所利用。

☞ 在甘薯封垄后，已经取得了地膜覆盖增温保墒效应，此时如果干旱，到中后期降水季节即可将地膜破坏，让其接纳雨水。

（四）有的地膜田过早出现甘薯叶片发黄

原因是有的田施肥不足，覆盖地膜后膜下温度高、根系及植株发育快、土壤养分分解快、甘薯吸收快，导致出现早衰现象。解决办法：

☞ 整地时施足底肥。

☞ 如果生长前期因肥力不足导致茎叶发黄、植株生长不良时，可在封垄前在薯垄上扎眼施肥，如将硫酸铵、尿素等肥料用水溶解稀释后用细塑料管或水壶浇入，然后用土将膜孔盖严。

☞ 如果后期养分不足，有早衰趋势时，可喷施0.5%尿素溶液和0.2%～0.3%磷酸二氢钾溶液。

第四节

田间管理

一、前期管理

从栽植至有效薯数基本形成为生长前期（发根分枝结薯期），春薯栽后至60～70天，夏薯为栽后 20 ~ 40 天。本期末茎叶进入封垄期，茎叶覆盖地面，叶面积系数一般达 1.5 左右，高产地块可达 2.5。主攻目标是根系、茎叶生长，管理的核心是保证全苗。

（一）查苗补栽，消灭小苗缺株

补苗选用壮苗在下午或傍晚时补栽最好，在田头栽一些预备苗以便补缺。

（二）及早中耕与化学除草

从成活期至封垄前，中耕 1 ~ 2 遍，先深后浅，免留“围根草”“卡脖泥”。化学除草方法请参考本书第五章相关叙述内容。

（三）早追肥，防弱苗

肥地不追，弱苗偏追，穴施尿素 5 ~ 10 千克/亩，如基肥不足，距棵 15 厘米左右条施适量有机复合肥和硫酸钾各 20 ~ 30 千克/亩。

（四）秸草地面覆盖

覆盖秸草 300 千克/亩左右。

（五）适时打顶

主蔓长 50 ~ 60 厘米时，打去未展开嫩芽，待分枝长 50 厘米时，打群顶。

（六）化控

水肥地早控，封垄时每亩用 15% 多效唑 75 ~ 90 克，对水 50 ~ 60 千克喷洒 1 次后，隔 10 ~ 15天再喷洒 1 次。

（七）不翻秧

甘薯翻蔓，不仅损伤了茎叶，打乱了叶片均匀分布，降低光合效率，以及茎尖受伤，促使腋芽生长，影响了养分向薯块运输和积累，而且由于翻蔓，增加了土壤水分的蒸发量，同时破坏了蔓生不定根，削弱了甘薯对水分和养分的吸收能力，直接降低了甘薯的抗旱能力。除了旺长田及薯蔓被水淤后需要适当提蔓外，一般不需要翻蔓和提蔓。据研究，甘薯翻蔓均表现减产，翻秧 2 ~ 3 次减产 10% ~ 20%。

二、中期管理

从结薯数基本稳定至茎叶生长达高峰为生长中期（蔓薯并长期），春薯在栽后 60 ~ 100 天，夏薯在栽后 35 ~ 70 天。本期末叶面积系数达到高峰值 4.0 ~ 4.5，本期主攻目标是地上部、地下部均衡生长，田间管理的核心是茎叶稳长、群体结构合理。

（一）防旱排涝

当叶片中午凋萎、日落不能恢复，且连续 5 ~ 7 天时，有水利条件的可浇半沟水。遇到多雨季节，使垄沟、腰沟、排水沟“三沟”相通，保证田间无积水。

（二）控制疯长田

如氮肥过量、雨水过多，土壤湿度大，通气性差，再加阴雨天气多、光照不足，易引起茎叶旺长、茎尖突出、枝叶繁茂，叶柄长为叶宽的 2.5 倍以上，相互荫蔽，叶面积系数长期超过 5。可提蔓、不翻秧、不摘叶，喷洒 0.2% ~ 0.4% 磷酸二氢钾液 1 ~ 2 次及化控 1 ~ 2 次，水肥地应尽早控制。

（三）看长相，适时追肥

生长中期，若缺氮且干旱严重，茎叶表现叶黄而小、叶柄短、节短、茎细，手触植株有脆硬感；若缺磷，叶片小，老叶出现大片黄斑，后变紫色，不久脱落；若缺钾，叶背面有斑点，凹凸不平，后期叶脉严重缺绿，出现褐黄斑点，落叶多。脱肥田叶片黄化过早，叶面积系数不足3.5，可喷施1%尿素与0.2%～0.4%磷酸二氢钾混合液1～2次。

三、后期管理

从茎叶生长高峰期至收获为生长后期（薯块盛长期），春薯在栽后100天，夏薯在栽后70～130天。本期主攻目标是护叶、保根、增薯重。本期末叶色褪淡即正常“落黄”，叶面积系数在2.0左右。

（一）防早衰

后期脱肥田叶面积系数不足3.5，叶片黄化过早，9月叶面积系数下降过快，可喷洒1%尿素与0.3%磷酸二氢钾混合液。

（二）控制旺长

如叶色依然浓绿，叶面积系数不见下降，可以提蔓不翻秧，喷洒2次0.4%磷酸二氢钾液。

（三）防旱排涝

采取上述抗旱措施防旱，遇涝要提前在田间挖排水沟，以防田间积水。

第三章

夏薯栽培技术

本章导读： 本章从夏薯选用品种与育苗、施肥整地与栽苗、田间管理、适时收获与贮藏等方面介绍了夏薯绿色高效生产技术，旨在使读者详细了解不同地域夏甘薯绿色高效栽培技术，以便在甘薯生产中灵活应用。

第一节 选用品种与育苗

一、品种选择

夏薯高产品种应具备以下性状：第一，早熟、高产；第二，耐肥性强；第三，株型疏散，茎粗，分枝性较强；第四，前期薯块形成早，后期不早衰。宜选用中短蔓、早熟、优质、抗病、高产等适宜品种。具体品种选择请参考第一章相关叙述内容。

二、培育壮苗

种薯育苗于3月上中旬排薯育苗，苗床管理同常规春薯育苗。4月下旬开始剪苗移入采苗圃。为夺取夏薯高产，及早栽秧头苗，建立地膜覆盖采苗圃是培育无病壮苗、保证夏薯适时栽种的有效措施。应于夏薯栽前45天左右（河南省中部约在"谷雨"时），从苗床上剪取壮苗，栽好采苗圃，注意选择水肥地，施足肥料，整好地。采苗圃常采用小垄密植，垄宽50～60厘米，株距13～16厘米，每亩栽10 000株左右。人工覆膜的可先栽苗后覆膜，按每株位置开孔，掏出薯苗，再抓土盖压膜孔。机械覆膜一般采用先盖膜后栽种。为促进多分枝、增加采苗量，若先栽苗后覆膜，栽时即摘去顶心，待腋芽出现时，要保证肥水供应，满足薯苗生长的需要，麦收时，每亩采苗圃可供约7 000米^2 夏薯田用苗，采苗圃栽完后要做好田间管理，可作为种子田。

第二节 施肥整地与栽苗

一、施肥技巧

甘薯是喜钾作物，而对氮的需求则有一定限度。例如，河南省郸城、扶沟、西华、许昌、新乡、南阳等地夏薯区，前茬为小麦地，土壤肥力相对较高，小麦高产区每亩产小麦400千克以上，由于常年施氮肥过多，据农业部门反映，土壤水解氮含量高达70毫克/千克左右，种植夏玉米亩产500千克以上，种植夏薯很容易导致甘薯茎叶旺长。有一些薯农盲目施用过量的甘薯专用肥、烟草专用肥或三元素复合肥，可施到中等肥力或瘠薄甘薯地，若施入高肥地，很容易导致甘薯茎叶旺长，且施肥越多甘薯产量越低。为避免夏薯茎叶旺长造成减产损失，建议在甘薯前茬作物施氮肥较多地块及夏薯地前茬小麦每亩产400千克以上的田块，底肥不施氮素化肥或少施含氮素的复合肥，重施钾肥，补施磷肥和有机生物肥。

对于前茬瘠薄麦田则应注意补充氮、磷、钾肥料，尤其是氮肥不能太少，以免因缺氮茎叶缺乏足够的光合面积而影响光合产物的制造与积累。夏薯田以一次施足基肥为主，前茬属于中产田的地块，每亩施用氮（N）、磷（P_2O_5）、钾（K_2O）各含15%的复合肥50千克，并加施20千克硫酸钾，瘠薄地可适当增加速效氮肥。除氮、磷、钾肥料外，还应根据土壤中的其他养分含量情况，适当补施硼、锌、铁等微量元素，以满足甘薯正常生长对各种营养元素的需求。

为创高产打好基础，满足夏薯高产田不同生长期对肥料的需要，采用“基肥足，肥效速，分层施用”的施肥方法，一次施足优质有机肥及有机复合肥，并包入垄心。

二、机耕与起垄

为实现夏薯栽种抢时早栽，小麦边收、边施肥、边整地，尽量做到机械施肥、深耕、起垄一体化。

在黏土地、地势低洼易涝地及地下水位高、土壤肥水高的地块和生长中、后期雨水偏多的地区，宜做大垄、高垄，垄距1米左右，垄顶宽30厘米，垄高25~33厘米，每垄1行，株距17~19厘米。

在地势高或沙质土、土层厚或肥力较差的地块，宜做小垄，垄距65~80厘米，垄高25厘米左右，每垄1行，株距22~24厘米。起垄要求达到垄直、平、匀、实、透、干且垄心不虚，不漏耕，不扶湿垄，雨天不起垄，以防破坏土壤结构。

特别易涝区可考虑采用特高垄双行（一垄双行栽培，垄距1.2~1.3米，垄高40厘米，垄顶宽60厘米，株距26~28厘米）。

以上配置栽植密度为每亩3 500~4 000株。在二十世纪六七十年代，高垄双行已被普遍采用，因高垄双行的机械化起垄和收获等比较难以解决，现在一般不提倡高垄双行。与之比较，单垄单行种植有明显的优越性，除了产量优势外，单垄单行易在做垄、割蔓、收获等环节采用机械化，技术也比较成熟。

三、抢时早栽，合理密植

（一）抢时早栽

夏薯抢时早栽是充分利用高温期的热量和光能资源、夺取高产的重要措施，由于不受温度的限制,栽插越早,产量越高。据试验资料分析,夏甘薯每早栽一天,可增加有效积温10℃以上,每摄氏度有效温度每亩可增加鲜薯3千克左右。因此,夏薯栽种宜早不宜迟,尽量抢时早栽。早栽措施:一是麦垄套种,以晚变早;二是趁墒抢种,边割麦,边撒粪,边犁地起垄,傍晚栽插夏苗;三是抗旱抢时早栽,要力争足墒栽种,缺墒时应抗旱浇水,栽种不等雨。栽时选用粗壮蔓头薯苗,粗壮蔓头薯苗与茎蔓中间的节间薯苗相比较,扎根快、返苗更快,根粗壮,易形成薯块,产量高。为促使多结薯,薯蔓苗以露3叶水平浅栽法栽种连叶片埋入土中3~4节为好。薯苗入土各节分布在垄面5厘米深的表土层,结薯多而均匀。

温馨提示

栽时窝施磷酸二氢钾2千克/亩,对细土30千克拌匀,在栽薯时每窝抓一小把,再浇水,促使甘薯早生快发,在地下害虫及茎线虫病危害地区施入少量辛硫磷药土防治,然后栽实薯苗。若遇到干热风、炎热高温天气,最好把露出地面的叶片和苗头用潮土掩盖,3天后薯苗长出根后再把土去除,露出叶片,这是一项较好的保苗措施。

(二)合理密植

合理密植是创造合理的群体结构,充分利用地力和光能的有效增产措施。要想获得高产量,必须在个体发育较好的前提下增加种植密度,才能达到建立合理群体结构的目的。夏薯高产田,一般适宜的密度以每亩3 500~4 000株为宜。

第三节 田间管理

夏薯生长期短,前中期气温高,茎叶生长快,田间管理必须环环扣紧,确保甘薯的正常生长发育。

一、前期早管,促苗早发

从栽苗到有效薯数基本形成,夏薯需40天左右。此时期以根系生长为中心,主要目标是苗全、苗匀、根苗健壮、早分枝、早结薯。

(一)查苗补栽

栽后4~7天内及早查苗补缺,发现有死苗或过于细弱的苗,要用粗壮的薯苗补苗或替换,最好在田地头栽一些备用苗。补苗时应带土连根一起浇水栽,确保薯苗密度和株间平衡生长。

（二）机械除草与化学除草剂结合

如果栽前未做化学除草的，在栽种结束后，分枝期前后用机械除草，垄顶草用人工除草或化学除草，因垄沟与垄两边已经用过机械除草，药液可节省一半以上。封垄前根据效果和杂草情况，或用除草剂再控1次。除草剂的使用请参考本书第五章相关叙述内容。

（三）看地，看苗，早追肥

追肥时要注意早追肥、深施、施后封土盖严。施肥时应本着“肥田不施，中低产田普遍施”的原则。对弱小苗、补苗，及早偏施适量氮素化肥；对夏薯栽后30天尚未封垄的地块，要及早追肥，可每亩施碳酸氢铵15～20千克或尿素6～8千克，加上5千克硫酸钾，或每亩施甘薯专用肥10～15千克；在基肥充足，长势较旺地块，追肥以钾肥为主，控制氮肥，如追施硫酸钾，每亩用量5～10千克。

（四）干旱时及时浇小水

在生产实践中发现，前期生长如果遇到土壤湿度过小、土壤干硬、通气不良等不利环境条件，就会使块根的膨大受阻，根内木质部导管木质化程度增大，从而形成牛蒡根，也叫梗根或柴根，此时的块根表皮局部或全部已经老化，没有利用价值。若高温干旱过后突然降水或浇水，会使原本停止生长的块根又处于适宜的生长条件下，而没有老化的部分迅速恢复生长和淀粉合成，从而形成各种各样的畸形薯、裂皮薯，严重影响商品薯的价值。因此，当生长前期遇干旱时，要特别重视及时浇水的重要性，以防形成畸形薯、裂皮薯。甘薯受旱的标准是：凡中午出现叶片凋萎，下午4点以后又能恢复的叫暂时凋萎；日落后不恢复的叫永久凋萎。永久凋萎持续3天以上可浇小水，浇水量以垄浇半沟水为宜。

（五）秸草地面覆盖

近几年大面积甘薯田应用麦糠覆盖，对抑制杂草和保墒有明显效果，不仅提高了当季产量，而且对增加土壤有机质含量、培肥地力也有一定的作用，于栽后15～20天中耕1～2次后即可撒麦糠，覆盖量为每亩300～400千克，厚度均匀，2厘米左右。如麦糠不足可用麦秸代替。

（六）防治地下害虫

前期害虫以蝼蛄和地老虎等最易发生，要及时防治，具体防治方法请参见本书第五章相关内容。

二、中期促控

从封垄到茎叶生长最高峰为薯蔓并长期，一般夏薯栽后40～70天，主攻目标是群体结构合理，地上部生长量、叶面积系数应尽快达到合适的高峰值，但不是旺长。做到地上部、地下部平衡生长，控上促下，最终促使同化物质向块根运转和积累。

（一）抗旱浇水

甘薯虽然耐旱，但需水量较大。中期是茎叶生长盛期，同时也是薯块膨大期，需水量明显增多，土壤相对含水量以70%～80%为好。如长期干旱，土壤相对含水量低于45%，会影响光合作用和养分运输，导致减产。灌溉以灌半沟水为宜。

（二）排涝

甘薯的涝渍，地里积水时间一长，轻者薯块膨大停止、地上部生长过旺，重者薯块因缺氧形成硬心至腐烂。因此，在多雨季节应达到田间无积水的标准，使垄沟、腰沟、排水沟“三沟”相通，且雨过后田内不积水。

（三）控制茎叶旺长

1. 旺长判断标准　夏薯田一般较春薯田水肥条件相对较好，在施氮肥偏多、土壤水解氮含量超过 70 毫克/千克、阴雨天气偏多、光照不足、土壤透气性差的情况下，植株相对容易旺长。甘薯地上部旺长判断标准为：叶色浓绿，顺着垄沟的方向放眼望去基本上看不清垄顶与垄沟的区别，薯蔓顶端突出较大，叶片大，叶色浓绿，叶柄长达 20 厘米以上，叶柄长是叶片宽的 2 倍以上，叶层过多，郁闭不透气，甘薯生长中期地上部生长旺盛，茎叶产量超过 3 500 千克/亩，叶面积系数长期超过 5，薯秧深达 40 厘米以上，黄叶、落叶、烂叶增多。

2. 控制旺长的措施

☛ 在此以前做好排水工程，防止土壤水分过大。

☛ 控制氮肥用量且定位施肥，甘薯施肥宜采用少量定位施肥，最好是在起垄时将肥料包埋在垄体中央，使苗期甘薯能够吸收充足的氮素，迅速提高叶面积，以制造更多养料，而在中后期氮素逐步被消耗，不容易引起后期旺长。

☛ 封垄前适时打顶，当主蔓与分枝长到 30～40 厘米时，打掉未展开叶的茎尖。

☛ 地面覆盖秸草。

☛ 化控。每亩用 15% 多效唑可湿性粉剂 500 倍液，或用 25 毫升维他灵 4 号 1 支对水 50 千克进行叶面喷洒，一般化控 2～3 次效果最好，喷施为晴天下午 3 点以后。

☛ 茎尖旺时，适当提蔓，拉断不定根生长，严重疯长田，可将薯拐地下的根抠断。

☛ 喷洒 1～2 次 0.3% 磷酸二氢钾液，每亩喷洒 50～70 千克。

☛ 在防止旺长的前提下还应重视栽前工作，深耕改土（黏土掺沙）增加土壤透气性。

☛ 高垄栽培，选用耐肥品种，壮苗早栽。

☛ 平衡施肥，控制氮肥增施钾肥等。

（四）及时防治食叶性害虫

中期若发生甘薯麦蛾、甘薯天蛾、造桥虫、斜纹夜蛾等食叶性害虫危害时，在低龄幼虫期，用 2.5% 高效氯氰菊酯悬浮剂 2 000 倍液，或 50% 辛硫磷乳油 1 000 倍液等喷雾。

三、后期防衰

从茎叶高峰期（栽后 70 天）到收获（栽后 130 天左右）为生长后期。此时生长重心转为薯块盛长。此阶段以薯块膨大为主,主攻目标是护叶、保根、增薯重,促使地上部养分尽快输送到薯块,以防后期早衰。

(一)防早衰

茎叶过早落黄,会影响甘薯的产量。例如,河南省甘薯生长以9月中旬进入茎叶落黄期较为适宜,过晚是旺长的表现,过早是脱肥的表现,特别是8月底以前茎叶落黄的薯田,对产量影响较大。一般可在8月下旬,趁下午每亩叶面喷洒1%尿素+0.3%磷酸二氢钾混合液60~75千克,1~2次。

(二)注意彻底防治食叶性害虫危害

后期若发生甘薯麦蛾、甘薯天蛾、斜纹夜蛾等食叶性害虫危害时,要及时防治,具体防治方法请参见本书第五章相关内容。

(三)抗旱排涝

后期土壤相对含水量保持在60%~70%(即六七成墒)为宜,持续干旱土壤相对含水量在50%以下,对甘薯膨大影响较大,干旱严重时光合产物的制造及薯块的膨大几乎趋于停顿状态。此期每浇1次水,每亩能比不浇的增产300~500千克鲜薯。因此,为夺取甘薯增产,在分枝结薯期和9月薯块膨大盛期遇干旱时,应及时喷灌或浇半沟水。

甘薯收获前20天,一般不再浇水,以防土壤湿度过大造成缺氧烂薯或硬心。

遇到多雨季节,应使垄沟、腰沟、排水沟“三沟”相通,保证田间无积水。

第四节 适时收获与贮藏

甘薯薯块的成熟无明显期限,收获时期通常根据当地气温和用途而定。甘薯在贮藏期间要求环境温度在10~13℃,空气相对湿度控制在85%~90%,还要有充足的氧气。具体收获方法与贮藏要求请参见本书第一章第六节后期管理相关内容。

第四章

甘薯机械化生产

本章导读：长期以来，我国甘薯的耕作、收获基本上全靠人工，部分结合畜力，劳动强度大，效率低。在当今经济迅速发展的时期，这种传统的耕作模式远不能适应社会发展的需要。今后在我国逐渐推行甘薯生产机械化，已是势在必行。为帮助读者进一步了解和使用甘薯机械，本章对国内外甘薯生产机械的研发情况做了简要介绍。日本较早开展了甘薯生产机械化，开发的机械小巧精致，拥有成熟的专用机械开发应用推广体系。我国甘薯生产机械的研制和应用起步较晚，但随着土地流转政策的推行，甘薯生产规模的扩大，一些甘薯生产大户和生产企业，对甘薯生产机械的需求日趋强烈。因此，国内对甘薯生产机械的引进、研发开始明显加速。目前，普遍采用的甘薯机械有起垄覆膜机、栽插机、培土机、切蔓机、收获机等。

机械化是大面积标准化栽培的首要因素,机械化生产不仅可节省大量工时,提高劳动效率,还可提高产量,降低损耗。目前甘薯生产机械化在发达国家应用比较普遍,如日本普遍采用小型精确的栽培机械,作业范围包括剪苗、起垄、覆膜、栽插、去蔓、挖薯等主要用工环节。近年来,国内甘薯栽培机械的研发也得到越来越多的重视,大部分研究仍然集中在比较费力的用工环节,如机械起垄和收获等。甘薯起垄机作业的薯垄均匀,可同时将麦草等秸秆还田,且垄体土质松软。栽插用浇水施肥破膜器结合施肥装置可精确定量施肥施药,方便浇水栽插,有利于高产栽培。切蔓机可将薯蔓就地切碎还田,节省劳力,保持地力。机械化对于大规模商品薯生产尤其重要。

第一节 起垄覆膜设备

一、甘薯起垄机

北京、河北、河南、江苏等地研制的起垄机各有不同,但基本原理相似。

北京研制的1QL-2型甘薯起垄机,配套动力为40.4~66.1千瓦轮式拖拉机,整机尺寸为2 000毫米×730毫米×11 500毫米,整机结构重400千克,三点悬挂式连接,作业效率为每小时0.3~0.5公顷,每次起2垄,垄上平面宽25~28厘米,垄底宽55~65厘米,垄高25~30厘米,垄距85~95厘米(可调),垄截面呈规则的梯形,用该机起的垄外观很漂亮。

农业部南京农业机械化研究所生产的4QL-1甘薯起垄施肥机,垄距80~100厘米,起垄高度25厘米,配套动力18千瓦以上(最好四驱),效率为每小时0.15~0.2公顷,适宜平原坝区、平原薄地、丘陵缓坡地的沙壤土、砂浆黑土、较黏重的壤土等地作业。

徐州甘薯研究中心研制的甘薯起垄机用21千瓦四轮拖拉机带动,垄宽88~90厘米,垄高30厘米,工作效率为每小时0.27公顷以上。

连云港元天农机研究所生产出TN-125/140/180/210/250/280型系列双轴灭茬旋耕起垄机,其中大垄双行起垄机44~59千瓦,每小时生产效率为0.4公顷。垄体较高,大垄双行,垄距一般在150~160厘米,其顶部两行间距60厘米,两行间距深18厘米,大垄间深30厘米,雨后降渍快,利于块根膨大。适于在地块较大的地区推广使用,更适合雨水较多地区。可节约大量劳动力,有利于标准化栽培。由于这种机械垄距和拖拉机轮距相同,他们还研究出系列大垄双行生产机械,完成起垄、中耕、除草、追肥、切蔓、清理沟底、收获等主要作业,单件的作业效率为每小时0.4公顷。以拖拉机为平台,可开发出更多的配套机械。

郑州山河机械厂生产的1QLSO－2型起垄机，该机型适应种植面积在33公顷以上的种植户使用。特点：①效率高，能达到10亩/小时。②垄形外观大方，表层2厘米坚实，内部疏松，特别适合薯类生长。③垄顶有半圆形沟槽，种植时在沟槽内放水，墒情好，薯苗成活率高，栽插非常方便（苗放入沟槽，双手一拢一压即可，不用人工扒坑，快捷省力）。④有多种功能，能一次实现旋耕、起垄、集中施肥。如有需要，还可加装覆地膜＋铺滴灌管装置。1QL180－2型甘薯大垄双行起垄＋施肥＋覆膜＋铺滴灌管一体机（见图4－1），1次可覆膜2垄，集施肥、起垄、覆膜、铺滴灌管功能为一体，该机成功解决了起垄覆膜时取土困难和抗旱节水问题，使用方便，将成为北方薯区大面积栽培重要的作业机械。郑州山河机械厂生产的QF－1型多功能起垄施肥收获机，该机型适应种植面积在7公顷以下、配套动力在18千瓦以上的种植户使用，有起垄、集中施肥、垄行挤压成形、收获4种功能。该机型能够避免用户重复购机，节约成本，通过更换配件可达到一机多用的目的，收获甘薯不破皮，特别适合商品薯的收获及贮藏。

图4－1　1QL80－2型甘薯大垄双行起垄＋施肥＋覆膜＋铺滴灌管一体机

二、起垄覆膜机

北京大兴区研制的1QLFM－2型起垄覆膜机，1次可覆膜2垄，集施肥、起垄、覆膜功能为一体，整机尺寸为2 600毫米×1 900毫米×11 500毫米，重525千克，膜幅宽90～110厘米，效率为每小时0.3～0.5公顷。

日本研制的起垄覆膜机有起单垄和双垄2种。这种机械一般都是包括起垄和覆膜两道工序1次完成,起垄较高,覆膜质量较好。尤其是双垄起垄覆膜机上设计了传送器,将前部土壤送到后部压膜,巧妙解决了一垄已经铺膜、相邻下一垄无法取土压膜的难题。

中国农业科学院徐州甘薯研究所也已研发出此类机械,为国内今后大面积推广应用提供了良好的条件。

第二节 栽插机械

一、国产甘薯栽插机

我国对甘薯栽插机械(见图4-2)的研究起步较晚,在2010年前后的几年里,才有人从国外进行引进、改进和研制。有的用栽烟机,稍加改良后用于栽种甘薯,取得了一定的效果。目前尚未出现理想的定形的甘薯栽植机械。甘薯生产机械开发应用较好的国家主要是日本和美国等。

图4-2 国产甘薯栽插机

二、日本甘薯栽插机

日本有 1 次插单垄和插 4 垄的，插单垄的多用于铺膜的垄栽，插 4 垄的主要用于无铺膜的垄栽，由工人坐在栽插机上栽植，日本农机株式会社新研制的甘薯栽插机（见图 4－3），由一人将薯苗逐株摆放在传送链上，然后进入插苗装置，栽入 10～15 厘米土层内。

图 4－3　日本甘薯栽插机

三、美国甘薯栽插机

美国甘薯栽插机（见图 4－4）有栽植 6 行和栽植 8 行的。栽植 8 行的机械效率很高，栽插机上可同时并排坐 16 个工人，每两人管栽 1 行，将薯苗逐棵放入栽苗装置，由机械插入地中，同时封土。

四、定穴浇水器

2007 年由中国农业科学院甘薯研究所李洪民研究员主持完成的“甘薯栽插用浇水施肥破膜器”（见图 4－5），可用于甘薯的破膜栽种，也可用于非面膜覆盖田浇水栽种 。该机械集破膜、定穴、浇水、施肥、施药数道工序一次完成，大大提高了栽种速度。这种定穴浇水器是在 1 根钢管上焊接有十几根定穴注水锥，两端分别焊接有把手，在钢管的一端连接水源，使用比较方便。

图 4－4　美国甘薯栽插机

图 4－5　甘薯栽插用浇水施肥破膜器

第三节

田间管理设备

国内研发的小型甘薯中耕机有很多型号，多是由四轮拖拉机带动，每小时中耕 0.2～0.6 公顷。

大垄双行中耕机工作原理是将起垄机刀轴中部去掉，通过两端分离的旋耕刀轴，对沟底进行旋切铲除大部分杂草。

机械除草的效果从目前看，无论哪种中耕机，只能除去垄底，两侧垄面的杂草，薯垄上平面残余的杂草，则需通过人工中耕辅助或化学方法进行去除。

第四节

收获设备

切蔓是传统甘薯生产中比较费工的一道工序，要想实现甘薯收获机械化，必须解决和推行割秧机械化和收刨机械化。

一、甘薯切蔓机

近年来，国内研制的四轮驱动甘薯切蔓机，每次1垄。可将80%的甘薯藤蔓切碎，切碎的茎叶又可作田间绿肥，每小时割蔓2.0～2.7公顷。

连云港元天农机研究所生产的大垄双行切蔓机，有拖拉机驱动切蔓机，进行藤蔓粉碎，可将大部分蔓藤切至长10厘米以内，抛撒还田，相当于每亩增施10千克尿素。

郑州山河机械厂出产的4UJH系列秧茎切碎还田机（见图4－6），动力为22千瓦的拖拉机，甘薯最适垄距为90厘米。四轮驱动式减少了后轮的轮距（100厘米）和轮胎宽度（15厘米），不压伤垄上的甘薯。特点：①效率高。单垄型机械的效率是人工的30～40倍，双垄型机械的效率更高，为人工的60～80倍，特别适合种植面积大的用户。②不伤薯。垄顶留茬高度8厘米左右，垄两侧及垄底粉碎彻底，为提高收获效率及明拾率打下良好基础。③解决了收获时因秧茎缠绕、拥堵而造成收获机械无法工作的问题。

图4－6　4UJH系列秧茎切碎还田机

日本研发的割蔓机(见图4-7)有多种类型,有的是将薯蔓切碎后分散抛撒在田间,有的是将薯蔓粉碎后被收集到容器中,再集中成条形抛撒。

图4-7　日本割蔓机

美国的割蔓机比较大,将薯蔓切碎后,通过传送装置,进入同步运输车厢内,然后将茎叶送到养殖场再加以利用。

二、大垄双行清沟机

将大垄双行起垄中耕机去掉中部培土铲旋耕部分,可作为大垄双行清沟机使用。在割秧机割秧后,再用清沟机清除沟底残蔓,再用收获机收获。也有的地方在收获前只清理沟底薯秧,然后直接用收刨机带秧收获,最后再通过人工将薯蔓分离。

三、甘薯收获机械

在传统农业甘薯收获中,有的使用牛拉犁,在犁铧后犁底上缠上稻草绳,制成简易收获犁进行收获,或用小手扶拖拉机拉犁收获甘薯,比人工收刨效率高,但缺点是薯块掩埋率较高,大面积使用又会使收入无形中减少。因此,今后要逐步应用明薯率较高的甘薯收获机械。甘薯收获机多是由马铃薯收获机改进演变而成,型号、功率各异。

(一)环刀型收获器

环刀型收获器工作原理是通过拖拉机拉动半圆形钢片将整个薯垄松动,使薯块与土壤分离,薯块全部排列在土壤表面,便于收集装运。

(二)小型甘薯收获机

徐州甘薯研究中心研制的甘薯收获犁用21千瓦小四轮拖拉机带动,每小时可作业

0.27 公顷，损伤率与漏收率均比人工刨收大幅减少，适合沙土地应用。

农业部南京农业机械化研究所生产的 4QL－1 型甘薯挖掘收获机，垄距为 80～100 厘米，配套动力 18 千瓦以上（最好四驱）；挖掘深度大于 30 厘米，可以调节；生产率为 0.15～0.2 公顷/小时；适宜平原坝区、平原薄地、丘陵缓坡地的沙壤土、砂姜黑土、较黏重的壤土等地作业。

北京研制的 4SC－1 型甘薯收获机，配套动力为 9.6～16 千瓦，整机尺寸为 1 400 毫米×1 050毫米×980 毫米，整机结构重 150 千克，三点悬挂式连接，挖掘深度为 25～30 厘米，作业效率为每小时 0.06～0.2 公顷，每次挖掘 1 垄，明薯率大于 98%。

（三）大型甘薯收获机

可与大型拖拉机配套的收获机有多辊式收获机和链条升运式收获机。多辊式收获机结构简单，比较牢固、耐用；链条升运式收获机具有筛土效果好，明薯率高的特点。

美国的甘薯收获机大多属于大型链条升运式，作业时将薯块生长层连土带薯块挖起后，通过升运链，运漏掉的泥土，滤出薯块，经分级收集到子集装筐内。

郑州山河机械厂出产的大型 4KJW 系列大型块茎挖掘机摆动筛系列机型（见图 4－8），整机设计合理，主要部件坚固耐用，保障了收货时不误农时；适应性强，各种土壤条件均能作业；明薯率高，在 98% 以上，漏挖率小于 2%，破损率小于 2%；作业速度快，每小时约 6 000 米^2，地块面积在 33 公顷以上的每小时可达到 8 000 米^2 左右。

图 4－8 国产甘薯挖掘收获机

连云港元天农机研究所生产的甘薯收获机主要型号有 4KU－130 型和 160 型。

农业部南京农业机械化研究所生产的 S－1500 型甘薯收获机，作业幅宽 150 厘米（适收两垄），适宜单垄垄距在 80～90 厘米，配套动力为 80 千瓦的拖拉机以上，挖掘深度在 30 厘米以内，生产效率为 0.2～0.3 公顷/小时，适宜平原坝区的沙壤土、砂姜黑土等地作业。

从近年来各地甘薯收获机运用实践来看，大部分甘薯收获机在沙壤土和墒情适宜的中壤土使用，损伤率与漏收率均比人工刨收大幅减少，效果较好。相反，黏土地块在干旱年份容易结成大土块，使用效果较差。

第五章

甘薯常见病虫草害及其绿色防控技术

本章导读：本章主要介绍了甘薯生长发育过程中主要病虫草害的种类及危害症状，提出了针对不同病虫草害的防治策略，旨在使读者深入了解甘薯主要病虫草害的危害特点和影响程度，掌握不同病虫草害的绿色防控技术。

我国甘薯病虫草害种类繁多,其中发生比较广泛、危害比较严重的甘薯病害主要有甘薯根腐病、甘薯黑斑病、甘薯茎线虫病、甘薯病毒病、甘薯黑痣病、甘薯紫纹羽病、甘薯软腐病、甘薯干腐病、甘薯瘟病、甘薯蔓割病、甘薯疮痂病等;专门或主要危害甘薯的害虫主要有蛴螬类、金针虫、小地老虎、蝼蛄、烟粉虱、甘薯天蛾、甘薯麦蛾、斜纹夜蛾、甘薯蚁象、甘薯叶甲、红蜘蛛等;甘薯田杂草种类多、数量大,对甘薯的危害较大。采取积极有效的防治措施,为甘薯高产、稳产、优质、低耗创造良好条件。

第一节 甘薯常见病害种类及其绿色防控技术

一、甘薯根腐病

(一) 症状

甘薯根腐病俗称烂根病、地痞、开花病,是一种毁灭性病害。秧苗染病后,根尖变黑,后蔓延到根茎,形成黑褐色病斑(彩图 32),病部表皮纵裂,皮下组织变黑。发病轻的地下茎可发出新根,虽能结薯,但薯块小。发病重的地下根茎大部分变黑腐败,分枝少,节间短,直立生长,叶片小且硬化增厚,个别植株出现开花现象,叶片逐渐变黄反卷,向上干枯脱落,全株枯死。

(二) 防治措施

☞ 种植抗根腐病品种是防治根腐病最有效的措施,抗根腐病品种可选择徐薯 18、徐薯 25、徐薯 27、豫薯 13 号、商薯 7 号、济薯 15 号、商薯 19、苏薯 9 号、济薯 21、鄂薯 1 号、郑红 21 等。

☞ 增施有机肥提高植株的抗病能力。

☞ 轮作倒茬。与花生、芝麻、棉花、玉米、高粱、谷子等作物进行 3 年以上轮作。

二、甘薯黑斑病

(一) 症状

甘薯黑斑病俗称黑疤病、干疔、烂脚疤、黑脚等,生育期和贮藏期均可发生,主要侵害薯苗、薯块,不危害绿色部位。薯苗染病,茎基白色部位产生黑色近圆形稍凹陷斑,后茎腐烂,植株枯死,病部产生霉层。薯块染病初期,呈黑色小圆斑,扩大后呈不规则形略凹陷的黑绿色病疤。病疤上初生灰色霉状物(见彩图33),后生黑色刺毛状物,病薯有苦味且对人畜有毒,贮藏期可继续蔓延,造成烂窖。

（二）防治措施

1. 建立无病留种地　最好选用3年以上没有种过甘薯的地块作为留种地。

2. 培育无病薯苗　具体措施包括:①严格挑选种薯,剔除带病薯块。②高剪苗。③温水浸种。用50~54℃温水浸种薯10分。④药剂浸种。用50%多菌灵可湿性粉剂500倍液或50%甲基硫菌灵可湿性粉剂500倍液等浸种5分。⑤药剂浸苗。用50%多菌灵可湿性粉剂500倍液等浸薯苗基部(6厘米左右)10分。

3. 选用抗黑斑病品种　如漯薯10号、冀薯98、西成薯007、渝苏153、徐薯28、秦薯5号、渝苏151、苏薯8号、鄂薯1号、徐薯23、郑红21、烟薯25号等。

三、甘薯茎线虫病

（一）症状

甘薯茎线虫病俗称糠心病、菊花心、糠梆子、空心病等。苗期染病后植株变矮小、发黄,纵剖茎基部,内见褐色空隙。后期染病表皮破裂成小口,髓部呈褐色干腐状,剪开无白浆(彩图34)。茎蔓染病主基部拐子上表皮出现黄褐色裂纹,后渐成褐色,髓部呈白色干腐,严重的茎蔓短,叶变黄或主蔓枯死。薯块染病出现糠心型、裂皮型及混合型3种症状。糠心型:块根从顶端发病,后逐渐向下部及四周扩展,先呈棉絮状白色糠道(彩图35),后变为褐心,这种类型一般由薯苗带病引起。裂皮型:薯块外皮褪色,后变青,有的稍凹陷或生小裂口,皮下组织变褐发灰,最后皮层变为暗紫色多龟裂。

（二）防治措施

1. 加强检疫　严禁从病区调运种薯、种苗,防止疫区扩大。

2. 选用抗茎线虫病品种　如徐薯25、豫薯13号、漯徐薯8号、郑红22、苏薯8号、豫薯10号等。

3. 选用无病种薯　挑选健康种薯,将有损伤、病虫害、龟裂的薯块剔除,培育无病壮苗。

4. 药剂浸苗　可用50%辛硫磷乳油100倍液浸10分。

5. 药剂处理土壤　每公顷用30%辛硫磷微胶囊剂22.5千克拌细干土300千克,起垄时条施在垄沟内或栽植时穴施在薯苗基部。

6. 轮作倒茬　与小麦、玉米、谷子、棉花、烟草等进行轮作,隔3年以上不种甘薯。

7. 消灭病源　在育苗、栽插和收获时,清除病薯块、病苗和病株残体,若要作肥料需经50℃以上高温发酵。

四、甘薯病毒病

(一) 症状与危害

甘薯病毒病分为两大类,普通甘薯病毒病和危险性甘薯病毒病SPVD。前者的症状主要有叶片呈斑点型、花叶型、卷叶型、叶片皱缩型和叶片黄化型,造成的产量损失一般在30%以下;后者的症状表现叶片扭曲、畸形、叶片褪绿、明脉以及植株矮化等混合症状(彩图36、彩图37)。

(二) 防治措施

1. 种植脱毒甘薯　对于普通甘薯病毒病和危险性甘薯病毒病SPVD,种植脱毒甘薯是最有效的防控措施。

2. 对于危险性甘薯病毒病SPVD的防治措施

☞ 加强产地检疫,发现病株及时拔除销毁,尽量减少跨大区调运种薯、种苗。

☞ 在育苗期,发现疑似病株及时拔除。此措施可有效降低大田SPVD的发病率。

☞ 加强育苗期烟粉虱的防治,可有效减少SPVD的扩散蔓延。

☞ 种植抗病品种。虽然目前生产上没有抗SPVD的甘薯品种,但国内抗病育种技术发展迅速,应留心甘薯新品种的抗病性,及时引种抗SPVD甘薯品种。

五、甘薯黑痣病

(一) 症状

甘薯黑痣病俗称黑皮病。该病主要危害薯块的表层,起初为浅褐色小斑点,后扩展成黑褐色近圆形至不规则形大斑。湿度大时,病部生有灰黑色霉层。发病重的病部硬化,产生微细龟裂。受害病薯易失水,逐渐干缩,影响商品价值。

(二) 防治措施

以综合防治为主。具体措施如下:

☞ 选用无病种薯,培育无病壮苗。

☞ 建立无病留种田,实行3年以上轮作制。

☞ 采用高畦或起垄种植,注意排涝,减少土壤湿度,增加土壤通透性,减少病菌的存活率。

☞ 栽种时薯苗用杀菌剂浸苗,可参考本书黑斑病药剂防治方法。

六、甘薯紫纹羽病

（一）症状

甘薯紫纹羽病俗称“红筋网”。主要发生在大田期，危害薯块或其他地下部位。病株表现枯萎黄化，薯块、茎基的外表生有病原菌的菌丝，白色或紫褐色，似蛛网状。薯块由下向上，从外向内腐烂，后仅残留外壳，须根染病的皮层易脱落。

（二）防治措施

☞ 严格选地，不宜在发生过紫纹羽病的桑园、果园以及大豆、山芋等地栽植甘薯，最好选择禾本科如小麦、玉米等茬口。

☞ 发现病株及时挖除烧毁，四周土壤用20%石灰水浇灌，用量为1米^{2}5千克。

☞ 发病初期在病株四周开沟，防止菌丝体、菌索、菌核随土壤或流水传播蔓延。

☞ 发病初期及时喷淋或浇灌50%苯菌灵可湿性粉剂1 500倍液，每株用药液500克。

七、甘薯软腐病

（一）症状

甘薯软腐病俗称薯耗子、脓烂，是育苗期和贮藏期发生较普遍的病害之一。薯块染病，初在薯块表面长出大量灰白霉，后变暗色或黑色。病组织变为淡褐色浸状，病部表面长出大量灰黑色菌丝及孢子囊，黑色霉毛污染周围病薯，形成一大片霉毛。染病薯块发出恶臭味。

（二）防治措施

☞ 适时收获和入窖，避免冷害。收获和入窖时最低气温不低于10℃。

☞ 入窖前剔除病薯，把水汽晾干后入窖。

☞ 硫黄熏窖。窖内旧土铲除露出新土，1米^{3}用硫黄15克熏蒸消毒。

☞ 贮藏期科学管理。贮藏初期及时换气，贮藏中期注意保温，贮藏后期及时放风。

八、甘薯干腐病

（一）症状

甘薯干腐病是甘薯贮藏期的主要病害之一。严重时全窖发病，损失严重。病菌主要从伤口侵入，破坏组织，使之干缩成僵块。发病初期，薯皮不规则收缩，皮下组织呈海绵状，淡褐色。后期薯皮表面产生圆形病斑，黑褐色，稍凹陷，轮廓有数层，边缘清晰。在贮藏后期，该病菌往往从黑斑病病斑处入侵产生并发症。

（二）防治措施

☞ 培育无病种薯，选用3年以上的轮作地作为留种田。

☞ 清洁薯窖，消毒灭菌，旧窖要打扫清洁，然后用硫黄熏蒸（1米^3 用硫黄15克）。

☞ 入窖初期，对薯块伤口进行高温愈合。

九、甘薯瘟病

（一）症状

甘薯瘟病主要分布在长江以南各薯区。该病是一种枯萎型病害，从育苗期到结薯期都能发生。在苗期，当苗长15厘米左右时，发病的薯苗1～3片叶萎蔫，特别是在烈日下萎蔫更明显。维管束变黄，而后变成褐色。在大田生长期，病苗栽后不发根枯死。健苗栽后，叶片暗淡无光泽，萎蔫，茎基部变色、腐烂，轻拔易断。病株后期叶片枯萎，地下茎腐烂发臭，而后茎叶干枯变黑，全株枯死。感病薯块初期不显症状，横切薯块，可看到维管束组织呈淡黄色或褐色斑点，并有刺鼻臭辣味，薯块不易煮熟。随看病情发展，病薯腐烂。

（二）防治措施

☞ 严格检疫，严防病薯、病苗传入无病区。

☞ 选种抗瘟良种，培育无病壮苗。

☞ 实行轮作，但避免与茄科作物轮作。

☞ 清洁田园，及时拔出病株，并用石灰对附近土壤进行消毒。

十、甘薯蔓割病

（一）症状

发病植株地上部分叶片自下而上变黄脱落，茎维管束褐色，最后茎部开裂，整株死亡。横切病薯上部，维管束呈褐色斑点。

（二）防治措施

1. 选种抗病品种　如苏薯12号、农大6－2、洛薯10号、商薯6号、冀薯71、徐薯28等。

2. 培育无病健苗　选用无病种薯，培育无病健苗。

3. 药剂浸种浸苗　在育苗和大田栽插时，薯块或薯苗用70%甲基硫菌灵可湿性粉剂700倍液或50%多菌灵可湿性粉剂500倍液浸10分。

十一、甘薯疮痂病

（一）症状

甘薯疮痂病又称甘薯缩芽病、麻风病。该病主要危害甘薯嫩叶、叶柄、嫩梢和幼茎。叶片病斑多见于叶背叶脉上，病斑初为红色小点，随茎叶的生长变大突出，变为灰白色或黄色，病斑木栓化，表面粗糙。病叶常向内卷曲，皱缩畸形，叶柄上呈现牛痘状圆形或椭圆形疮痂斑，导致叶柄弯曲。嫩梢形状呈畸形，短缩直立不伸长或卷缩成木耳状。茎蔓受害后初为灰白色或紫色木栓疮疤，严重时疮疤连成片，生长停滞。在潮湿的环境中，病斑表面长出粉红色毛状物。病薯表面凹凸不平，呈木栓化。发病严重时植株结薯少，薯块小，淀粉含量降低。

（二）防治措施

☛ 选种抗病品种，如广薯 87 等。

☛ 水旱轮作。

☛ 药剂浸种浸苗。同蔓割病防治方法。

第二节 甘薯常见虫害种类及其绿色防控技术

一、蛴螬类

（一）危害特点和识别

幼虫咬食薯块，造成大而浅的孔洞。蛴螬种类多，在同一地区同一地块，常为几种蛴螬混合发生，主要包括以下种类：

1. 华北大黑鳃金龟子　成虫：体长 16～21 毫米，宽 8～11 毫米，长椭圆形，体黑色，鞘翅上各 3 条纵隆纹，臀节宽大呈梯形，中沟不明显，背板平滑下伸。幼虫：体长 37～45 毫米，头部前顶刚毛每侧各 3 根成一纵列，肛门孔三裂，腹毛区有刚毛群。

2. 东北大黑鳃金龟子　成虫：体大小、体色与华北大黑鳃金龟子相似，鞘翅上有 4 条明显纵隆纹，臀板短小，近三角形，背板呈弧形下弯。幼虫：体长 35～45 毫米，头部前顶刚毛每侧各 3 根成一纵列，腹毛区有刚毛散生。

3. 铜绿金龟子　成虫：体长 18～21 毫米，宽 8～11 毫米，头及鞘翅铜绿色，有光泽，两侧边缘处呈黄色,腹部黄褐色。幼虫:体长30~33毫米,肛门横裂,刺毛纵向平行两列,每列由11~20根长针状刺组成。

4. 暗褐金龟子　成虫:体长17~22毫米,宽9~12毫米,长椭圆形,体黑褐色,无光泽,全身有蓝白色细毛,鞘翅上有4条纵隆纹,两翅会合处有较宽的隆起。幼虫:头部前顶刚毛每侧各1根,位于冠缝两侧,其他特征与华北大黑鳃金龟子幼虫相似。

5. 黄褐金龟子　成虫:体长15~18毫米,宽7~9毫米,体淡黄褐色,鞘翅密布刻点,并有3条暗色纵隆纹,腹部密生细毛。幼虫:体长25~35毫米,肛门横裂。刺毛纵列两行,后段向后呈八字形岔开。

(二) 防治措施

1. 农业防治　实行水、旱轮作;精耕细作,及时镇压土壤,清除田间杂草;大面积春、秋季耕,并跟犁拾虫等。发生严重的地区,秋冬季翻地可把越冬幼虫翻到地表使其风干、冻死或被天敌捕食,机械杀伤,防效明显;同时,应禁止使用未腐熟的有机肥料,以防止招引成虫来产卵。

2. 药剂处理土壤　用50%辛硫磷乳油等每公顷3 000~3 750毫升,加水10倍喷于375~450千克细土上拌匀制成毒土,顺垄条施,随即浅锄,或将该毒土撒于种沟或地面,随即耕翻,或用5%辛硫磷颗粒剂等每公顷37.5~45千克处理土壤。

3. 药剂拌种　用50%辛硫磷乳油与水和种子按1∶30∶(400~500)的比例拌种;用25%辛硫磷胶囊剂包衣,还可兼治其他地下害虫。

4. 毒饵诱杀　50%辛硫磷乳油50~100毫升拌饵料3~4千克,撒于种沟中。

5. 物理方法　有条件地区,可设置黑光灯诱杀成虫,减少蛴螬的发生数量。

二、金针虫

(一) 危害特点和识别

金针虫成虫俗名叩头虫,幼虫别名铁丝虫。金针虫种类很多,主要有钩金针虫、细胸金针虫、褐纹金针虫、宽胸金针虫等。钩金针虫呈黄色,虫体肥大,扁平,老熟幼虫体长20~30毫米,宽约4毫米,尾节褐色,有二分叉并稍向上弯曲;细胸金针虫也为黄色,虫体稍圆而细长,体长8~9毫米,宽约2.5毫米,尾节圆锥状。

(二) 防治措施

☛ 用40%辛硫磷乳油500倍液进行拌种,并可兼治其他虫害。

☛ 用50%辛硫磷乳油0.2~0.3千克,拌细土15~20千克,起垄时撒入垄心或栽种时施入窝中。

☛ 苗期可用40%辛硫磷乳油500倍液与适量炒熟的麦麸或豆饼混合制成毒饵,于傍晚顺垄撒入植株基部,利用地下害虫昼伏夜出的习性,即可将其杀死。

三、小地老虎

（一）危害特点和识别特征

小地老虎幼虫在茎基部咬断秧苗，造成缺苗断垄。被咬薯块的顶部为凹凸不平的虫伤瘢痕。成虫体长17~23毫米、翅展40~54毫米。头、胸部背面暗褐色。卵馒头形，直径约0.5毫米、高约0.3毫米。初产乳白色，渐变黄色。幼虫圆筒形，老熟幼虫体长37~50毫米、宽5~6毫米。头部褐色，具黑褐色不规则网纹；体灰褐至暗褐色，体表粗糙、布大小不一而彼此分离的颗粒。蛹体长18~24毫米、宽6~7.5毫米，赤褐有光。

（二）防治措施

1. 除草灭虫　产卵期除净杂草，减少产卵场所和幼虫食料来源。

2. 药剂防治　栽种时结合防治甘薯茎线虫病用50%辛硫磷乳油0.3千克对水2千克，拌干细土20千克，均匀撒于薯苗周围。如果危害严重，用铡碎的鲜草拌90%敌百虫800倍液，每公顷用药液375~600千克，于傍晚撒在薯垄上毒杀。

3. 泡桐叶诱杀，人工捕捉　每亩放泡桐叶80片左右，放叶后每日清晨翻叶捕捉幼虫，1次放叶效果可保持4~5天，也可在清晨在被害植株附近土中捕捉。

四、蝼蛄

（一）危害特点和识别

蝼蛄属直翅目蝼蛄科。蝼蛄是最活跃的地下害虫之一，昼伏夜出，晚9~11点为活动取食高峰。蝼蛄具有强烈的趋光性和趋化性，对香、甜物质气味，牛粪、有机肥等未腐烂有机物都有趋性。蝼蛄食性杂，成虫、若虫均危害严重，在土中取食种芽、幼芽或将幼苗咬断致死，受害的根部成乱麻状，由于蝼蛄的活动，将表土窜成许多隧道，使苗根脱离土壤，致使幼苗失水而枯死，严重时造成缺苗、断垄。我国记载蝼蛄有6种，其中分布最广泛、危害最严重的有华北蝼蛄和东方蝼蛄2种。华北蝼蛄体长3.9~6.6厘米，黄褐色，主要分布于长江以北地区。东方蝼蛄体长3.0~3.5厘米，灰褐色，是我国分布最为普遍的蝼蛄种类，属全国性害虫。蝼蛄产卵孵化后成若虫，形态与成虫相似。蝼蛄生活史一般较长，1~3年才能完成1代，均以成虫、若虫在土壤中越冬。

（二）防治措施

1. 农业防治

（1）灯光诱杀　蝼蛄具有趋光性，可用灯光进行诱杀。此法必须大面积使用，方能收到较好的效果。小面积使用只能将蝼蛄招来，反而加重危害。

（2）人工捕杀　掌握蝼蛄的产卵期，铲去土表上层，找到洞口，顺洞口挖下去，发现成虫和卵加以消灭。

2. 化学防治

(1) 毒饵诱杀　可用50%辛硫磷乳油100毫升或90%晶体敌百虫50克,对水1~1.5千克稀释,再与2.5~3千克炒香的豆饼或麦麸拌匀制成毒饵。每亩地用毒饵2~3千克,傍晚时均匀撒在播种沟或播种穴里。

(2) 毒谷诱杀　每亩用谷子0.5~0.8千克、90%晶体敌百虫50克,先将干谷子煮成半熟,捞出晾至半干,敌百虫用少量水化开,再将谷子和药拌匀,晾至八成干,播种时撒入播种沟或播种穴里。

五、烟粉虱

(一) 危害特点和识别

烟粉虱俗称小白蛾,是一种食性杂、分布广的小型刺吸式昆虫,已成为一种严重危害农作物的世界性重要害虫。若虫和成虫均可刺吸危害植物的幼嫩组织,影响寄主生长发育;分泌蜜露诱发煤污病,影响叶片正常光合作用;传播植物病毒,使植物生长畸形。烟粉虱成虫雌虫体长0.91毫米±0.04毫米,翅展2.13毫米±0.06毫米;雄虫体长0.85毫米±0.05毫米,翅展1.81毫米±0.06毫米。体淡黄色至白色,无斑点,前翅脉1条,不分叉,左右翅合拢呈屋脊状。一般雄虫都比雌虫的个体要小,雌虫尾端钝圆,雄虫呈钳状。

(二) 防治措施

1. 农业防治　秋季、冬季清洁田园,烧毁枯枝落叶,消灭越冬虫源。

2. 物理防治　在黄板上涂抹捕虫胶诱杀烟粉虱,黄板放置位置应在距植株边缘0.5米处,悬挂在距甘薯的生长点15厘米处,每亩约挂50块;在甘薯育苗圃,可用60目防虫网防护,防止烟粉虱的入侵。

3. 化学防治　用25%阿克泰(噻虫嗪)水分散粒剂3 000~4 000倍液喷雾或灌根(每株用30毫升),或用3%啶虫脒微乳剂1 000倍液喷雾,或用2.5%联苯菊酯乳油1 000~1 500倍液喷雾,或用10%吡虫啉悬浮剂2 000~3 000倍液喷雾或灌根,或用1.8%阿维菌素乳油1 500倍液喷雾。上述药剂应交替使用。

对于封闭的环境可采用烟雾法,棚室内可选用22%敌敌畏烟剂300~400克/亩或20%异丙威烟剂250克/亩,在傍晚时将温室或大棚密闭,把烟剂分成几份点燃熏烟杀灭成虫。

六、甘薯天蛾

(一) 危害特点和识别

甘薯天蛾又称旋花天蛾、白薯天蛾、甘薯叶天蛾。幼虫取食叶片和嫩茎,高龄幼虫食量大,严重时可把叶吃光,仅留老茎。成虫体长50毫米,翅展90~120毫米;体翅暗灰色。老熟幼虫体长 50 ~ 70 毫米,体末端背面有一杏黄色尾角。体色有两种:一种体背土黄色,侧面黄绿色,杂有粗大黑斑,体侧有灰白色斜纹,气孔红色,外有黑轮;另一种体色为绿色,头淡黄色,斜纹白色。

(二) 防治措施

☛ 人工捕杀幼虫。

☛ 黑光灯、糖蜜液诱杀成虫。

☛ 在低龄幼虫期,用 2.5% 高效氯氰菊酯悬浮剂 2 000 倍液喷雾。

七、甘薯麦蛾

(一) 危害特点和识别

甘薯麦蛾又叫甘薯卷叶蛾、甘薯小蛾、甘薯卷叶虫等,属鳞翅目麦蛾科。分布广泛,全国各甘薯生产区均有发生。除危害甘薯外,还危害蕹菜、牵牛花等旋花科植物。主要以幼虫吐丝卷叶,在卷叶内取食叶肉,留下白色表皮,状似薄膜,幼虫还可危害嫩茎和嫩梢,发生严重时,大部分薯叶被卷食,仅剩叶脉和叶柄,整片呈现"火烧"现象。成虫体长 4 毫米左右,翅展 18 毫米,翅宽 2.5 毫米,头胸部褐色,前翅黑褐色,中央有两个黄褐色、长圆形小斑纹,外缘有 5 个横列小黑点。后翅淡褐色,比前翅宽短,前后翅均有较长缘毛。幼虫体长 6 毫米左右,黑褐色间有灰白色条纹。前胸淡黄绿色,中胸至第二腹节黑色,第二腹节以下各节呈淡黄绿色,背面具有 1 条较宽的灰白色背线,各节并具 1 条体后下侧斜行的黑色线条。

(二) 防治措施

☛ 秋后要及时清洁田园,消灭越冬蛹,降低田间虫源。

☛ 开始见幼虫卷叶危害时,要及时捏杀新卷叶中的幼虫或摘除新卷叶。

☛ 在幼虫发生初期施药防治,施药以下午 4 点最好。药剂可选用 2% 阿维菌素乳油 1 500倍液、20% 虫酰肼悬浮剂 2 000 倍液、20% 除虫脲悬浮剂1 500倍液、5% 氟虫脲可分散剂 1 500 倍液、2.5% 高效氯氰菊酯乳油 2 000 倍液等。收获前 10 天停止用药。

八、斜纹夜蛾

(一) 危害特点和识别

斜纹夜蛾又名莲纹夜蛾,属鳞翅目夜蛾科,是农作物上的一种重要害虫。幼虫叫夜盗虫、五彩虫、乌蚕、野老虎等。幼虫是杂食性害虫,能危害多种蔬菜、棉花、大豆及甘薯等,严重发生时,可将叶片吃光,仅留下叶脉及茎秆,植株逐渐枯死。成虫体长 14 ~ 20 毫米,翅展 35 ~ 40 毫米,全体灰褐色,前翅灰褐色,斑纹复杂,中部近前缘至后缘具一向后斜走的由 3 条灰白色条纹组成的色泽鲜明的条斑。卵馒头形,卵粒集结成 3 ~ 4 层的卵块,外覆灰黄色疏松的绒毛。幼虫体长 35 ~ 47 毫米,头部黑褐色,体色为土黄色、青黄色、灰褐色或暗绿色,背线、亚背线及气门下线均为灰黄色及橙黄色。从中胸至第九腹节在亚背线内侧有三角形黑斑1对,其中以第一、第七、第八腹节的最明显。

(二)防治措施

1. 农业防治　注意清除田间及地边杂草,灭卵及初孵幼虫。

2. 物理防治　斜纹夜蛾成虫均具有较强的趋光性和趋化性,可利用黑光灯、频振式杀虫灯、性诱剂、糖醋液等进行诱杀。有条件的还可利用斜纹夜蛾性诱剂诱杀雄蛾,以降低雌蛾的产卵量。

3. 药剂防治　幼虫3龄以前,可用90%敌百虫晶体800~1 000倍液,或50%辛硫磷乳剂1 000倍液,或50%杀螟松乳剂1 000倍液喷洒,或2.5%高效氯氰菊酯悬浮剂1 000倍液,或5%抑太保乳油2 000倍液等交替轮换喷雾防治。

九、甘薯蚁象

(一)危害特点和识别

甘薯蚁象又称甘薯小象甲,主要在我国南方薯区发生和危害。成虫取食薯块、茎蔓和叶片。雌虫在薯块表面取食成小洞,产单个卵于小洞中,之后用排泄物把洞口封住。幼虫终身生活在薯块中,取食成蛀道,且排泄物充斥于蛀道中。幼虫取食后可使薯块变苦,不能食用。

甘薯蚁象成虫体长约6毫米,体型似蚂蚁,身体被蓝黑色鞘翅覆盖,有金属光泽。前胸和足呈红褐色至橘红色。成虫有假死性。雄虫触角末节呈棍棒状,雌虫呈长卵状。甘薯蚁象幼虫体长约9毫米,月牙形,头部淡褐色,身体灰白色,胸腹足退化。

(二)防治措施

☛ 严格检疫,防止扩散。

☛ 清洁田园。及时清除苗床薯块;田间甘薯收获后清除危害的薯块、茎蔓和薯拐等,集中深埋或销毁。

☛ 实行水旱轮作。

☛ 化学防治。在育苗田集中防治效果好,可施用辛硫磷颗粒剂进行防治,每亩有效成分100~200克。

十、甘薯叶甲

(一)危害特点和识别

甘薯叶甲属鞘翅目肖叶甲科。成虫危害甘薯幼苗嫩叶、嫩茎,致幼苗顶端折断,严重危害也可导致幼苗枯死。幼虫危害土中薯块,把薯表咬成弯曲伤痕,影响薯块膨大。成虫体长5~6毫米,宽3~4毫米。体短宽,体色变化大,有青铜色、蓝色、绿色、蓝紫、蓝黑、紫铜色等,不同地区色泽有异,同一地区也有不同颜色。触角基部6节蓝色或黄褐色,端部5节黑色,头部生有粗密的刻点,刻点间具纵皱纹。鞘翅隆凸,肩胛高隆,光亮,翅面刻点混乱较粗密。幼虫黄白色,体长9~10毫米,体粗短呈圆筒状,有的弯曲,体多横皱褶纹,并密被细毛。

(二)防治措施

1. 振落捕杀成虫　利用该虫假死性,于早、晚在叶上栖息不大活动时,振落塑料袋内,集中消灭。

2. 药剂防治　在甘薯栽秧时或施夹边肥时,施用毒死蜱、辛硫磷等颗粒剂,每亩有效成分150~200克;在成虫盛发期,可用1%甲氨基阿维菌素苯甲酸盐2 000~3 000倍液等喷雾防治。

十一、红蜘蛛

(一)危害特点和识别

红蜘蛛又名棉红蜘蛛,俗称大蜘蛛、大龙、砂龙等,属蛛形纲蜱螨目叶螨科,是一种螨类害虫。以口针吸食汁液危害甘薯的叶、枝,其中以叶片危害最重。被害叶片常呈许多灰白色小斑点,失去固有光泽,从远处看呈一片粉绿色,危害严重的使叶片脱落。以成螨、若螨聚集在叶背面,刺吸汁液,并吐丝结网。受害叶片的正面呈现黄白色似针尖状斑点,危害严重时叶面出现红点,并且红点范围逐渐扩大,最后变成锈红色,严重时大面积受害,叶片焦枯脱落,甚至整株枯死。成螨长0.42~0.52毫米,体色变化大,一般为红色,梨形,体背两侧各有黑长斑一块。雌成螨深红色,体两侧有黑斑,椭圆形。卵圆球形,光滑,越冬卵红色,非越冬卵淡黄色较少。幼螨近圆形,有足3对。越冬代幼螨红色,非越冬代幼螨黄色。越冬代若螨红色,非越冬代若螨黄色,体两侧有黑斑。若螨有足4对,体侧有明显的块状色素。

(二)防治措施

1. 农业防治　清除田间及四周杂草,集中烧毁;深翻地灭茬、晒土,促使病残体分解,以减少病、虫源。

2. 化学防治　应用40%三氯杀螨醇乳油1 000~1 500倍液、20%螨死净可湿性粉剂2 000倍液、15%哒螨灵乳油2 000倍液、1.8%齐螨素乳油6 000~8 000倍液等均可达到较好的防治效果。

3. 保护天敌　田间有中华草蛉、食螨瓢虫和捕食螨类等,注意用药时期,保护天敌,可增强其对红蜘蛛种群的控制作用。

第三节

甘薯田间常见杂草危害及其绿色防控技术

甘薯田间杂草种类多、数量大，不仅与甘薯争肥、争水、争光，而且为病害蔓延提供了适宜的环境，从而影响甘薯的生长和采收。安全有效的甘薯田除草，要结合耕作措施、品种利用、作物覆盖、水肥管理等技术进行综合治理。本节重点介绍化学除草剂与品种选择相结合的甘薯田杂草防除策略。

一、甘薯田间常见杂草介绍

甘薯田间的杂草种类因地区不同而异，主要杂草基本和产区的其他旱地杂草相似，总计在 100 种以上。

（一）薯田常见杂草

薯田杂草多为旱地杂草，根据除草剂控制杂草的类别，薯田杂草以阔叶杂草与窄叶杂草两大类混生为主。例如在北方薯区和黄淮河流域薯区，常见的阔叶杂草有马齿苋、藜、苘麻、鳢肠、苍耳、青葙、皱果苋、红蓼、田旋花等；窄叶杂草主要有牛筋草、马唐、狗尾草、旱稗、莎草等。下面将常见杂草的特征、发生及危害做简要介绍：

1. 马唐　又名秧子草。属于禾本科杂草，秆丛生，基部展开或倾斜，着地后节处易生根或具分枝。叶鞘松弛抱茎，大部分短于节间；叶舌钝圆膜质，总状花序 3～10 枚，呈指状排列，下部的近轮生。

种子繁殖，一年生草本植物，喜湿喜光，在潮湿多肥的地块生长茂盛，4 月下旬至 6 月下旬发生量大，花果期 6～11 月抽穗，8～10 月结籽，种子边成熟边脱落，生命力强，成熟种子有休眠习性。马唐为秋熟旱作物地恶性杂草，发生数量、分布范围在旱地杂草中均居首位，以作物生长的前中期危害为主。

2. 牛筋草　又名蟋蟀草。属于禾本科杂草，须根细而密，秆丛生，直立或基部膝曲。叶鞘压扁，具脊，无毛或疏生疣毛，口部有时具柔毛；叶片扁平或卷折；穗状花序，常为数个呈指状排列于茎顶端；颖披针形，有脊。

种子繁殖，一年生草本植物。分布在中北部地区，5 月初出苗，并很快形成第一次出苗高峰，而后于 9 月出现第二次高峰。一般颖果于 7～10 月陆续成熟，边成熟边脱落。种子经冬季休眠后萌发。牛筋草遍布全国，以黄河流域和长江流域及其以南地区发生较多，为秋熟旱作物田危害较重的恶性杂草。

3. 旱稗　又名稗子。属于禾本科杂草，株高 50～130 厘米。须根庞大。茎丛生，光滑无毛。叶片主脉明显，叶鞘光滑柔软，无叶舌及叶耳。圆锥花序，小穗密集于穗轴一侧，颖果椭圆形，骨质，有光泽。

种子繁殖，一年生草本植物。通过猪、牛消化道排出的稗草种子仍有一部分能发芽。春季，气温在11℃以上时开始出苗，6月中旬抽穗开花，6月下旬开始成熟。喜温暖潮湿环境，适应性强，生于水田、田边、菜园、茶园、果园、苗圃及村落住屋周围隙地。旱稗危害甘薯、大豆和棉花等秋熟旱作物。

4. 狗尾草　又名绿狗尾草。属禾本科杂草，株高20~60厘米。秆疏丛生，直立或基部膝曲上升。叶片条状披针形，叶鞘松弛，光滑，鞘口有毛；叶舌毛状。圆锥花序呈圆柱状直立或稍弯垂。

种子繁殖，一年生草本植物。比较耐旱、耐贫瘠。我国北方4~5月出苗，5月中下旬形成高峰，以后随浇水或降水还会出现出苗高峰；7~9月种子陆续成熟，种子经越冬休眠后萌发。分布于全国各地。狗尾草为秋熟旱作物田主要杂草之一。

5. 苍耳　又名老苍子。属菊科杂草，全株粗壮，高可达100厘米，叶子互生，具长柄；叶边缘有不规则的锯齿或常成不明显的3浅裂。头状花序腋生或顶生，花单性，雌雄同株，雄花序球形，黄绿色，集生于花轴顶端；头状花序生于叶腋，椭圆形，外层总苞片小，无花瓣，瘦果稍扁。

种子繁殖，一年生草本植物。在我国北方，4~5月萌发，7~8月开花，8~9月为结果期。根系发达，入土较深，不易清除和拔出。种子粗壮，生命力强，经休眠后萌发。喜温暖稍湿润气候，耐干旱瘠薄，适生于稍潮湿的环境，分布于全国各地。

6. 藜　又名灰菜、落藜。属苋科藜属杂草，茎直立，株高60~120厘米。叶互生，叶片菱状卵形至披针形，基部宽楔形，边缘常有不整齐的锯齿；花两性，数个集成团伞花簇，花小。

种子繁殖，一年生草本植物。适应性强，抗寒、耐旱，喜肥喜光。从早春到晚秋可随时发芽出苗。3~4月出苗，7~8月开花，8~9月种子成熟。种子落地或借外力传播，种子经冬眠后萌发。我国各地都有分布，是农田重要杂草，发生量大，危害严重。

7. 马齿苋　属马齿苋科杂草，茎下部匍匐，四散分枝，上部略能直立或斜上，肥厚多汁，呈绿色或淡紫色，全体光滑无毛。单叶互生或近对生；叶片肉质肥厚，长方形或匙形，或倒卵形。花小无梗，3~5朵生于枝顶端；花萼2片；花瓣5瓣，黄色。

马齿苋为一年生草本植物，春、夏季都有幼苗发生，盛夏开黄色小花，夏末秋初果熟；种子量极大。分布遍及全国，为秋熟旱作物田的主要杂草。

8. 苘麻　属锦葵科杂草，株高1~2米，茎直立，具软毛。叶互生，圆心形，先端尖，基部心形，边缘具圆齿，两面密生柔毛；叶柄长8~18厘米。花单生于叶腋；花梗长0.8~2.5厘米，粗壮；花萼绿色，下部呈管状，上部5裂，裂片圆卵形，先端尖锐；花瓣5瓣，花黄色。蒴果成熟后裂开；种子肾形、褐色，具微毛。

苘麻为一年生草本植物。种子繁殖4~5月出苗，花期6~8月，果期8~9月。全国广布。适生于较湿润而肥沃的土壤，原为栽培植物，后逸为野生，部分地方发生严重。

9. 田旋花　又名箭叶旋花。属旋花科杂草，具有根和根状茎。直根入土深，根状茎横生。茎平卧或缠绕，有棱。叶互生，有柄；叶片戟形或箭形。花1~3朵腋生；花梗细弱；花萼

5 片;花冠漏斗形,粉红色。蒴果球形或圆锥状。

田旋花为多年生缠绕草本植物,地下茎及种子繁殖。地下根状茎,深达 30 ~ 50 厘米。秋季近地面处的根茎产生越冬芽,翌年长出新植株。花期 5 ~ 8 月,果期 6 ~ 9 月。分布于东北、华北、西北、四川、西藏等省区。为旱作物地常见杂草,近年来华北、西北地区危害较严重,已成为难防除杂草之一。

10. 小蓟　又名刺儿菜。属菊科杂草,株高 25 ~ 50 厘米,具匍匐根茎。茎直立。叶互生,椭圆形或长椭圆状披针形,边缘齿裂,有不等长的针刺,两面均被蛛丝状绵毛。头状花序顶生,雌雄异株;总苞钟状,总苞片 5 ~ 6 层,花冠紫红色。

小蓟以根芽繁殖为主,种子繁殖为辅,属多年生草本植物。我国中北部,最早 3 ~ 4 月出苗,5 ~ 6 月开花、结果,6 ~ 10 月果实渐次成熟。种子借风力飞散。实生苗当年只进行营养生长,第二年才能抽茎开花。全国均有分布,以北方更为普遍。

11. 鳢肠　又名墨草、旱莲草。属菊科杂草,茎直立或匍匐,基部和上部分枝。叶对生,无柄或基部叶具柄,被粗状毛,叶片长披针形、椭圆状披针形或条状披针形,全缘或具细锯齿。头状花序顶生或腋生;总苞片 5 ~ 6 枚,具毛;托片披针形或刚毛状;边花舌状,全缘或 2 裂;心花筒状,4 个裂片。

鳢肠为一年生草本植物,种子繁殖。苗期 5 ~ 6 月,花期 7 ~ 8 月,果期 8 ~ 11 月。籽实落于土壤或混杂于有机肥料中再回到农田。喜湿耐旱,抗盐耐瘠、耐阴。具有很强的繁殖力。分布遍布全国。

12. 皱果苋　又名绿苋。属苋科杂草,株高 20 ~ 30 厘米,茎直立,常由基部散射出 3 ~ 5 个枝。叶卵形、卵状长圆形或卵状椭圆形,先端常凹缺,少数圆钝,有 1 个短尖头。圆锥花序顶生,有分枝,顶生花穗比侧生者长。胞果扁球形。

皱果苋为一年生草本植物,种子繁殖。3 ~ 4 月为苗期,花期为 6 ~ 10 个月,7 月果实逐渐成熟。分布广泛,适应能力强,为农田主要杂草。

13. 青葙　又名野鸡冠花。属苋科杂草,株高 30 ~ 100 厘米,茎直立,有分枝。单叶互生,披针形或椭圆状披针形,顶端长尖,全缘,基部渐狭成柄。穗状花序呈圆柱形或圆锥形,顶生;花着生甚密,初开时淡红色,后变银白色。

青葙为一年生草本植物,种子繁殖。苗期 5 ~ 7 月,花期 7 ~ 8 月,果期 8 ~ 10 月。分布于河北、河南、陕西、山东及沿长江流域和以南各省区。危害秋熟旱作物田的主要杂草,在有些地区发生普遍,危害较重。

14. 碎米莎草　别名三方草,属莎草科杂草,秆丛生,高 8 ~ 85 厘米,扁三棱形。叶片长线形,宽 3 ~ 5 毫米,叶鞘红棕色,叶状苞片 3 ~ 5 枚;长侧枝聚伞花序复出,辐射枝 4 ~ 9 枚,每辐射枝具 5 ~ 10 个穗状花序;穗状花序具小穗 5 ~ 22 个;小穗排列疏松,长圆形至线状披针形,具花 6 ~ 22 朵,鳞片排列疏松,膜质,宽倒卵形,先端微缺,具短尖,有脉 3 ~ 6 条;雄蕊 3 枚,柱头 3 个。小坚果倒卵形或椭圆形、三棱形,褐色。

碎米莎草为一年生草本植物,春季夏季出苗,夏季秋季进入花果期。在我国大部分地区都有分布,为秋熟地主要杂草,干燥、湿润旱地均有发生和危害。

（二）杂草生物学特性

薯田杂草具有结实量大、传播途径广、种子发芽率高、寿命长等生物学特性。

1. 结实量大　绝大部分杂草结实率高于一般农作物的几十倍或更多，如1株马唐、牛筋草可结数万粒种子，1株苋菜可结50万粒种子。

2. 传播途径广　风是最活跃的传播方式，如菊科等果实上有冠毛，便于风传；有的杂草果实有钩刺，可随其他物体传播，如苍耳；有的杂草种子可混在作物种子里、饲料或肥料中传播，也可借交通工具、农具等传播。

3. 种子发芽率高、寿命长　荠菜、藜未完全成熟的种子更易发芽，马唐开花后4～10天就能形成发芽的种子。藜属、旋花属等杂草的种子寿命可达20年以上。成熟度不一，休眠期长短也不同，故出草期长。

4. 杂草的无性繁殖力和再生能力很强　如在10厘米土层中，成活率可达80%；马齿苋被铲除后，经暴晒数日，仍能发根成活。

二、甘薯田间杂草的发生及危害

甘薯田间杂草，一般发生数量占80%左右。薯秧覆盖满地面后，杂草一般不萌发出土，即使萌发出土，由于见不到阳光，生长非常瘦弱，形不成危害。栽插初期由于温度高，降水量大，地面孔隙度大，阳光充足，给杂草萌发造成了有利的出土条件，受杂草危害严重。夏薯栽播后期，即6～7月，以一年生禾本科杂草牛筋草、马唐、稗草及狗尾草等为主。草害严重时，甘薯地上部分生长缓慢，地下的薯块小而少。在甘薯生产中，每年因杂草引起减产5%～15%，严重的地块，减产在50%以上，给甘薯生产带来极大的损失（彩图38）。

杂草发生高峰的早晚、峰值的大小、峰面宽窄与温度、降水、地势等环境条件有关。春季发生型杂草以受土壤温度影响为主，夏季发生型杂草受土壤湿度及高温、高湿的环境因素影响较大。

杂草发生的种类与温度、湿度、光照等环境条件有关，5～6月，阔叶杂草反枝苋、马齿苋、鳢肠、藜等发生量较一年生禾本科杂草严重，7～9月，一年生禾本科杂草根蘖发达，无论从发生量还是生物量上都远远超过阔叶杂草。甘薯田间杂草在正常生长的情况下8月上中旬到9月上中旬开花结实，种子成熟后落在田间，翌年又萌发出土，危害甘薯。

三、甘薯田间杂草的防治

甘薯田间杂草竞争性危害更多集中在甘薯栽插初期，目前能安全、高效地防除甘薯田所有杂草的化学除草剂还比较缺乏，因此，现在对甘薯生产中的杂草控制主要采取农业措施和化学除草相结合的综合防治方法。

(一) 农业措施

农业防除甘薯田间杂草的措施,主要有耕作措施、覆盖作物、甘薯品种选择等。

1. *耕作措施* 耕作措施仍然是甘薯田间杂草控制的重要手段,但因为每次耕作都会增加甘薯的生产成本,所以通过耕作措施控制甘薯田杂草危害需要强调适时、有效。一般在甘薯栽插后及时人工除草,可有效地防治甘薯田间杂草。夏栽甘薯田抓紧中耕除草,串沟培垄,避免雨季形成草荒。春薯田已经封垄,可以及时拔出杂草。

2. *覆盖作物* 通过前茬作物或者豆科、禾本科绿肥作物的残茬覆盖土壤表面,不仅可以抑制杂草,而且可以增加土壤肥力。

3. *甘薯品种选择* 一些甘薯品种具有抑制杂草生长的能力。研究表明,某些甘薯品种能显著抑制莎草科杂草,且这种抑制与光、水和营养竞争无关。室内试验表明,甘薯品种Regal周皮提取物抑制包括铁荸荠在内的多种杂草生长,但品系不同,其抑制能力有差异,最高相差50倍。

(二) 化学除草

化学除草是现代化除草方法,是消灭农田杂草、保障农作物增产的重要科学手段,具有除草效率高、效果好、增产效果显著,并且有利于病虫害的综合防治等特点。由于化学除草剂在甘薯上的应用起步较晚,应用面积远不及水稻、小麦、棉花、玉米等作物。目前,一年生禾本科杂草较容易通过化学除草剂加以控制,但对阔叶杂草的有效控制还较难。国家甘薯产业技术体系自启动以来,组织多个国内科研院所及大学加强了对甘薯田除草剂的筛选和探索。

1. *甘薯田间杂草防除的基本原则*

(1) *防治不同杂草群落应有的放矢* 结合本地杂草发生种类及群落构成,制定相应的化学除草技术。平原及耕作条件好的生态环境条件下,杂草群落构成简单,一年生禾本科杂草危害严重;而山区丘陵地带阔叶杂草有生长优势。生产中可根据杂草发生的不同类型进行相应防治。

(2) *合理轮换用药或混用除草剂* 除草剂杀草谱的局限决定了其对一些杂草的选择性,长期单一应用一种除草剂或杀草谱相同的除草剂,难以防除的杂草会形成主要杂草,使得甘薯田杂草群落发生演变,次要杂草上升为主要杂草,变为优势种。因此,合理地轮换用药或混合用药尤为重要。

(3) *选择对甘薯安全、对杂草防效高的除草剂* 甘薯栽插初期对除草剂相对敏感,不合理的除草剂应用很容易造成药害,因此,要根据除草剂的特点、土壤类型选择适宜的除草剂。

2. *甘薯田栽种期杂草防治技术* 甘薯生产中采用的栽种方法基本上都是育苗移栽,可于甘薯移栽前2~3天或移栽成活后喷施土壤封闭性除草剂,防治杂草对甘薯的危害。常用除草剂及其施药方法如下:

(1) *异丙甲草胺乳油* 做苗前土壤处理,主要防除马唐、牛筋草、狗尾草、马齿苋、野苋菜、碎米莎草、油莎草等。可在甘薯移栽前,用72%异丙甲草胺乳油100~150毫升/亩,对水50千克均匀在地表喷雾。如遇土壤表层干旱,最好在喷药后进行浅混土,以保证药效,并可防除深层发芽和深根性杂草。

(2)乙草胺乳油　做苗前土壤处理,用于防治一年生禾本科及部分阔叶杂草和莎草科杂草,每亩用50%乙草胺乳油180~200毫升/亩,对水50千克,于薯苗栽前或栽后均匀喷洒在土壤表层。乙草胺对出苗杂草无效,应尽早施药,提高防效。

(3)二甲戊乐灵乳油　做苗前土壤处理,用于防除一年生禾本科杂草和少量阔叶杂草,如马唐、狗尾草、牛筋草、稗草、藜、苋、蓼等杂草。每亩用33%二甲戊乐灵乳油150~200毫升,对水40千克均匀喷施。

(4)乙氧氟草醚乳油(果尔)　做苗前土壤处理,对一年生阔叶杂草、莎草、禾本科杂草都具有较高防效,其中对阔叶杂草的防效高于禾本科杂草,恰与酰胺类除草剂有互补性,故在长期单一使用酰胺类除草剂的地区,推广乙氧氟草醚或其混剂是一种理想选择。整地后薯苗栽插前,每亩用24%乙氧氟草醚乳油40~60毫升,对水30~50千克均匀喷洒。

(5)萘丙酰草胺乳油　做苗前土壤处理,是防治甘薯田杂草的优良除草剂,可以安全、高效地防治一年生禾本科杂草和藜、苋、苘麻等阔叶杂草,对马齿苋和铁苋的防治效果较差。每亩用20%萘丙酰草胺乳油200~300毫升,对水40千克均匀喷施。

3. 甘薯田生长期杂草防治技术　对于前期未能采取化学除草或化学除草失败的田块,应在田间杂草基本出苗,且杂草处于幼苗期时及时施药防治。常用除草剂及其施药方法如下:

(1)精喹禾灵乳油　为阔叶作物田除草剂,具有高效、安全、广谱、内吸性强、低残留等特点,对禾本科杂草防治效果较好。每亩用5%精喹禾灵乳油50~70毫升,对水30~40千克均匀茎叶喷雾处理。当土壤水分及空气相对湿度较高时,有利于杂草对精喹禾灵的吸收和传导。

(2)高效吡氟氯禾乳油　用于防除阔叶作物田的马唐、狗尾草、牛筋草、早熟禾等一年生和多年生禾本科杂草。该药是一种内吸传导型的选择性除草剂,对人、畜低毒,对眼睛和皮肤有轻微刺激。每亩用10.8%高效吡氟氯禾乳油30~60毫升,对水30~50千克均匀茎叶喷雾。

(3)烯草酮乳油　为阔叶作物田除草剂,具有优良的选择性,可有效防除马唐、狗尾草、牛筋草等禾本科杂草。每亩用24%烯草酮乳油20~30毫升,对水30千克均匀茎叶喷雾。

(4)烯禾啶机油乳剂　为阔叶作物田除草剂,用于防除如稗草、野燕麦、狗尾草、马唐、牛筋草、看麦娘等一年生和多年生禾本科杂草。为选择性强的内吸传导型茎叶处理用除草剂,对人、畜低毒。每亩用12.5%烯禾啶机油乳剂40~50毫升,对水30~40千克均匀茎叶喷雾。

(5)精吡氟禾草灵乳油　该药是一种内吸传导型的选择性茎叶处理剂,对于马唐、狗尾草、看麦娘、早熟禾等一年生和多年生禾本科杂草具有良好的防除效果,对人、畜低毒。每亩用15%精吡氟禾草灵乳油15~60毫升,对水10~15千克均匀茎叶喷雾。

(6)灭草松液剂　是具选择性的触杀型药剂,用于杂草苗期茎叶处理,对阔叶杂草反枝苋、马齿苋及莎草科的碎米莎草等均有很好的防效。每亩用48%灭草松液剂80毫升,对水30

千克均匀茎叶喷雾。

生产中应均匀施药,不宜随便改动配比,否则易发生药害或效果不明显。施用除草剂应在无风天气上午 9 点左右或下午 5 点左右进行,用药量要视草情、墒情确定,在气温较高、雨量较多的地区,杂草生长较小、少时,可适当减少用药量;但当杂草较大、杂草密度较高、墒情较差时,适当加大用药量和喷液量。一旦发现甘薯苗发生除草剂药害(彩图 39),应及时有针对性地喷施植物生长调节剂(赤霉素、天丰素、芸薹素等)进行逆向调节,并及时追肥浇水,促使受药害甘薯恢复生长,同时还可施用锌、铁、钼等微肥及叶面肥促进甘薯生长,以减轻药害。

总之,安全有效的甘薯田除草技术已成为甘薯田综合治理技术的核心内容,针对目前缺乏能高效防除甘薯田杂草尤其是阔叶杂草的除草剂的现状,应加强对甘薯田间杂草优势种群有效的化学除草剂的筛选和应用技术研究,提高化学除草剂使用的环境相容性和对甘薯的安全性,重点探索以化学除草剂与农业措施相结合等方法为主的甘薯田间杂草综合治理策略和技术。

第四节 农药的绿色使用及药害防治

农药是指用于预防、消灭或者控制危害农业、林业的病虫草和其他有害生物以及有目的地调节植物、昆虫生长的化学合成或者来源于生物、其他天然物质的一种或者几种物质的混合剂及其制剂。农药的作用对象主要是病虫草害,正确地使用农药可以有效地防治病虫草害,促使植株健壮生长,促进农作物增产。如果使用不当,就会对农作物造成危害,而与使用农药的初衷相悖,达不到防治病虫害的目的。

一、农药的绿色使用

按照农药的防治对象可以分为杀虫剂、杀菌剂、杀螨剂、杀线虫剂、杀鼠剂、除草剂、脱叶剂、植物生长调节剂等。常用的农药种类有杀虫剂、杀菌剂、除草剂、植物生长调节剂等。

(一)常用农药的种类、性质和药效

1. 杀虫剂　杀虫剂可以通过胃毒作用、触杀作用、内吸作用和熏蒸作用等方式进入害虫体内,导致害虫死亡。胃毒作用是将杀虫剂喷洒在农作物上,或拌在种子或饵料中,害虫取食时,杀虫剂和食物一起进入消化道,产生毒杀作用。触杀作用是将杀虫剂喷洒到植物表面、昆虫体上或栖息场所,害虫接触杀虫剂后,从体壁进入虫体,引起害虫中毒死亡。内

吸作用指一些杀虫剂能被植物吸收，从而杀死取食植物汁液的害虫。熏蒸作用指容易挥发形成气体的药剂，通过昆虫呼吸器官进入体内，最后导致害虫中毒死亡。此外，还有拒食、驱避和引诱等方式。

以杀虫剂的主要成分分类有10类，现将甘薯田常用的杀虫剂介绍如下。

（1）有机磷酸酯类

①辛硫磷　别名肟硫磷、倍腈松、肟硫磷乳油等，属高效、低毒、广谱杀虫剂，以触杀和胃毒作用为主，无内吸作用。对甘薯田的甘薯天蛾、大豆天蛾、麦蛾、蚜虫、黏虫、菜青虫、飞虱等食叶性害虫有较好防效，也可用于防治蛴螬、蝼蛄、金针虫等地下害虫。叶面喷施防治害虫时，一般每亩用30%微胶囊悬浮剂100～130毫升；或35%微胶囊剂85～110毫升；或40%乳油75～100毫升，对水40～60千克，均匀喷雾即可。防治地下害虫可以用30%辛硫磷微胶囊悬浮液浸根，或5%颗粒剂于起垄前撒施犁垡，每亩施药2～3千克。

②倍硫磷　别名百治屠、蕃硫磷等，是对人、畜低毒的有机磷杀虫剂，对多种害虫有效，主要起触杀和胃毒作用，残效期长。常用于防治食叶类及螨类害虫。一般每亩用50%倍硫磷乳油50～100毫升，对水30～50千克均匀喷雾。

③氧乐果　别名氧化乐果、华果、克蚧灵等。氧乐果对害虫和螨类有很强的触杀作用和内吸作用，还有一定的胃毒作用。具有杀虫速度快，效率高，广谱等特点。对食叶类害虫防治效果明显，尤其对刺吸式害虫如蚜虫、飞虱、叶蝉、介壳虫、螨类等，防治效果更好，一般可以用40%氧乐果乳油50～80毫升，对水70～100千克喷雾；对防治甘薯叶甲、麦蛾及二十八星瓢虫，可以用40%氧乐果乳油1 500～2 000倍液喷雾，或者400倍液浸泡甘薯秧苗根部3～5分，待晾干后栽插，亦可达到防治效果。

（2）氨基甲酸酯类

①丁硫克百威　别名好安威、农克喜、安棉特等，是一种对种子及苗期害虫具有良好防效的氨基甲酸酯类杀虫剂。有和克百威（呋喃丹，国家已明令禁用农药）相似的杀虫活性，而毒性比克百威低得多，对昆虫具有触杀、内吸及胃毒作用。可以杀虫、杀螨及线虫，能防治飞虱、蓟马，兼有驱雀、避鼠作用，且使用安全，是替代高毒农药的理想药剂。该药还具有见效快、高效安全、持效期长等优点，尤其对除虫菊酯类及有机磷类农药已产生抗性的害虫具有舒缓作用。同时本品还是一种植物生长调节剂，具有促进作物生长、提前成熟、促进幼芽生长等作用。药效可维持40～60天。在防治育苗田的蚜虫、飞虱以及蓟马时，按照20%丁硫克百威乳油3 000～4 000倍液喷雾；在防治甘薯田的麦蛾、飞虱以及鳞翅目害虫时，每亩用20%丁硫克百威乳油30～50毫升对水30～50千克喷雾。在防治甘薯田地下害虫和茎线虫时，可以每亩均匀撒施丁硫克百威颗粒剂3～5千克。

②抗蚜威　别名劈蚜雾、灭定威、比加普等，是氨基甲酸酯类杀蚜虫剂，具有熏蒸、触杀作用。使用该药后，在数分钟内即可迅速杀死蚜虫。能防治除棉蚜以外的所有蚜虫，对因有机磷农药产生抗药性的蚜虫亦有较好效果，对蚜虫传播的病毒病有较好防治作用，残效期短，对作物安全，不伤天敌，是蚜虫综合防治的理想药剂；对蜜蜂安全，可提高作物的授粉率，增加产量。在防治育苗棚内的蚜虫时，每亩使用50%可湿性粉剂或者50%水分散粒剂20～30克，或25%水分散粒剂40～60克。

③硫双威　别名硫敌克、拉维因、硫双灭多威、灭索双等，是一种双氨基甲酸酯类杀虫剂，杀虫活性与灭多威相似，毒性较灭多威低。药效作用主要是胃毒作用，触杀、渗透和熏蒸作用较弱。对鳞翅目、鞘翅目和双翅目害虫有效，对鳞翅目害虫的卵也有较高活性。用于防治甘薯田的鳞翅目害虫如夜蛾类、天蛾类、卷叶蛾类，在害虫卵或者幼虫低龄期时，每亩使用75%可湿性粉剂60～80克，或者25%可湿性粉剂160～240克，对水40～60千克喷雾，或375克/升悬浮剂120～150毫升对水40～60千克喷雾。

④速灭威　属氨基甲酸酯类中等毒性杀虫剂，具有强烈的触杀作用、熏蒸作用和内吸作用，作用迅速但持续期短，一般药效只有3～4天，对蜜蜂和天敌昆虫高毒。速灭威对飞虱、蚜虫、蓟马及叶蝉类害虫有特效。在育苗棚内使用时，一般每亩用20%乳油125～200克400倍液喷雾，或者3%的粉剂2.5～3千克直接喷粉。但在叶菜用甘薯采集甘薯叶前10天停止使用。

(3)拟除虫菊酯类

①S－氰戊菊酯　又名来福灵、速灭、高效杀灭菊酯等，是一种活性较高的拟除虫菊酯类杀虫剂，仅含顺式异构体，此药作用机制、药效特点、防治对象与氰戊菊酯相同，其杀虫活性要比氰戊菊酯高出4倍。常用于防治鳞翅目、叶蛾类、蝼类害虫。在防治菜青虫卵孵化和3龄前幼虫时，每亩用5%乳油15～30毫升；在防治蝼类害虫时，于幼虫2～3龄发生期施药，用5%乳油7 000～10 000倍液对水喷雾。

②高效氯氟氰菊酯　又叫三氟氯氰菊酯、功夫菊酯、爱克宁等，是一种新型的拟除虫菊酯，能迅速抑制昆虫神经轴突部位的传导，对昆虫具有趋避、击倒及毒杀的作用，杀虫谱广，活性较高，药效迅速，喷洒后耐雨水冲刷，但长期使用易产生抗性，对刺吸式口器的害虫及害螨有一定防效，作用机制与氰戊菊酯、氟氰菊酯相同。常用于防治鳞翅目、鞘翅目和半翅目等多种害虫和其他害虫，以及对螨类、蝼类也具有良好效果。在防治夜蛾类害虫时，一般每亩用2.5%乳油1 000～2 000倍液喷雾；防治菜青虫、蚜虫时分别以6～10毫克/升、6.25～12.5毫克/升浓度喷雾；在防治蛴螬和金针虫等地下害虫时，以拌种为主，害虫发生时，喷雾、灌根均可，但每亩水量不低于45千克。

③甲氰菊酯　别名灭扫利、农家庆、农螨丹等，是一种高效、广谱的新型拟除虫菊酯类农药，具有触杀和驱避作用，还有胃毒作用。除具有一般合成除虫菊酯对鳞翅目幼虫高效，对双翅目或半翅目害虫有效的特性外，对多种作物叶螨具有良好效果，因此具有虫螨兼除的优点。对防治鳞翅目、双翅目和半翅目害虫的卵孵盛期和幼虫时，用20%乳油稀释1 000～2 000倍液喷雾；防治叶蛾和青虫类，每亩用20%乳油3～4.5毫升，对水7.5～11.3千克喷雾；防治蝼类，用20%乳油4 000～5 000倍液喷雾。

④氯氰菊酯　别名戊酸氰醚酯、新棉宝、安绿宝等，是一种拟除虫菊酯类杀虫剂。具有广谱、高效、快速的作用特点，对害虫以触杀和胃毒为主，适用于鳞翅目、半翅目、双翅目、鞘翅目、缨翅目和膜翅目等害虫，对螨类效果不好。通常用药量为0.3～0.9克/亩，如在卵孵盛期或者幼虫期，可用10%乳油1 000～1 500倍液喷雾。

(4)有机氯类　硫丹，别名赛丹、硕丹、安杀丹、雅丹等，属于有机氯杀虫剂，具有触杀和胃毒作用，杀虫谱广，持效期长，杀虫速度快，对天敌和益虫无损害，残留低，对作物安全。

在气温高于20℃时，也可通过其蒸汽起杀虫作用。可广泛应用于防治鳞翅目、蚜虫、螨类、叶蝉类、瘿蚊类、蝼类等多种害虫。一般在防治鳞翅目、蓟马和叶蝉等害虫时，用20%乳油300～500倍液喷雾。也可用20%乳油200倍液灌根防治地老虎等地下害虫。

(5)沙蚕毒类

①杀虫单　别名稻卫士、润田丹、杀螟克等。本品为沙蚕毒系列广谱杀虫剂，是仿生型农药，进入昆虫体内后迅速转化为杀蚕毒素或二氢杀蚕毒素。对害虫有胃毒、触杀、熏蒸作用，具较高内吸活性，且无抗性，无残留。主要用于防治鳞翅目、蚜虫、螨类、叶蝉类、叶蛾类害虫。在防治鳞翅目和叶蝉类、飞虱类害虫时，可用90%原粉45～50克/亩；防治叶蛾类害虫时，可用80%粉剂2 000倍喷雾。亦可用80%粉剂35～40克加水50千克灌根。

②杀螟丹　别名巴丹、派丹、培丹等，是一种沙蚕毒素类杀虫剂。该药中等毒性，胃毒作用强，同时具有触杀和一定的拒食、杀卵作用，药效持续时间长，杀虫谱广。主要用于防治鳞翅目、半翅目、双翅目、鞘翅目害虫和线虫。一般每亩用50%可溶性粉剂75～100克，对水100～150千克；对叶蛾类害虫，每亩用50%可溶性粉剂25～50克，对水50～60千克喷雾。

(6)苯甲酰脲类

①除虫脲　别名敌灭灵、氟脲杀、灭幼脲1号等。为苯甲酰脲类昆虫生长调节剂，通过抑制害虫体内几丁质合成酶的产生，导致昆虫不能生成新表皮，而在蜕变过程中死亡。对鳞翅目多种害虫有效，在有效用量下对植物无药害，对有益生物如鸟、鱼、虾、青蛙、蜜蜂、步甲、蜘蛛、草蛉、赤眼蜂、寄生蜂等无不良影响。作用方式为胃毒和触杀，无内吸性。利用除虫脲防治害虫，具有用药少、防效高、有效期长、对生态环境污染小等特点。对鳞翅目害虫有特效，对鞘翅目、双翅目等多种害虫有良好的防治效果。在防治夜蛾类害虫时，每亩用20%悬浮剂1 500～2 000倍液喷雾；在防治毛虫类害虫时，每亩用20%悬浮剂10～20毫升对水喷雾。

②氟虫脲　别名氟螨脲、氰胺等。本品属苯甲酰脲类杀虫剂，是几丁质合成抑制剂，其作用机制也是抑制昆虫表皮几丁质的合成，使害虫不能正常蜕皮或者变态而死亡，成虫接触后产的卵孵化后幼虫也会很快死亡。其杀虫活性、杀虫谱和作用速度均具特色，并有很好的叶面滞留性，尤其对未成熟阶段的螨和害虫有较高活性，广泛用于防治螨类(刺瘿螨、短须螨、全爪螨、锈螨、红叶螨等)和许多其他害虫，并有很好的持效作用，对捕食性螨和昆虫安全。在防治叶蛾和青虫时，平均使用剂量为每亩用5%氟虫脲25～50毫升，对水40～50千克；在防治红蜘蛛和夜蛾类害虫时，每亩用5%氟虫脲25～35毫升，对水40～50千克喷雾。

③灭幼脲　别名蛾杀灵、灭幼脲3号、扑蛾丹、劲杀幼等。该品也是苯甲酰脲类杀虫剂，通过抑制昆虫壳多糖合成，阻碍幼虫蜕皮，使虫体发育不正常而死亡。以胃毒作用为主，也有触杀作用。药效速度较慢，但残效期较长。用于防治鳞翅目等多种害虫，在卵孵期至幼虫期使用。在防治菜蛾、青虫时，用25%悬浮剂2 000～3 000倍液喷雾；防治黏虫、松毛虫用2 500～5 000倍液喷雾；亦可用1 000倍液浇灌甘薯、葱、蒜根部，防治地蛆危害。

(7)昆虫激素类

①虫酰肼　别名米螨、蛔蛾、卷易清等，是一种高效、低毒的非甾族新型激素类的昆虫生长调节剂型杀虫剂。该品具有胃毒作用，是一种昆虫蜕皮加速剂，能够诱导鳞翅目幼虫在还没进入蜕皮阶段提前产生蜕皮反应。喷药后6～8小时内停止取食，2～3天内脱水、饥饿而死亡。具有杀虫活性高，选择性强，对所有鳞翅目昆虫及幼虫有特效，对选择性的双翅目和水蚤属昆虫有一定的作用。在防治蚜科、叶蝉类、鳞翅目、缨翅目和根疣线虫属的害虫时，可用20%悬浮液1 000～1 500倍液喷雾；对卷叶虫、食心虫、刺蛾、尺蠖等害虫时，用20%悬浮液1 000～2 000倍液喷雾。

②甲氧虫酰肼　别名美满、24%雷通悬浮液等。甲氧虫酰肼是一种昆虫生长调节剂类杀虫剂，属新型特异性苯甲酰肼类低毒农药，其作用机制为通过干扰昆虫的正常生长发育使其提前蜕皮、成熟，造成发育不完全，而后死亡，对幼虫和卵有特效。具有触杀、根部内吸等活性。既对益虫、益螨安全，又不影响生态环境。主要用于防治鳞翅目害虫，推荐施用量为每亩使用24%悬浮液20～30克，对水50～100千克喷雾。

③抑食肼　别名虫死净、佳蛙等，是一种非甾类的苯甲酰肼类昆虫生长调节剂，对鳞翅目、鞘翅目、双翅目幼虫具有抑制进食、加速蜕皮和减少产卵的作用。对害虫有胃毒作用，具有较强的内吸性，施药后2～3天见效，持效期较长，对人、畜、禽、鱼毒性低，是一种可取代有机磷农药，属低毒、无残留、无公害的优良杀虫剂。对防治鳞翅目、鞘翅目、双翅目等害虫有高效。在防治青虫、夜蛾类害虫时，每亩使用20%抑食肼可湿性粉剂20～40克，对水40～50千克喷雾；在防治红蜘蛛、蚜虫、叶蛾、叶蝉等害虫时，可以稀释2 000倍液喷雾。

(8)阿维菌类

①阿维菌素　别名阿维虫清、农哈哈、虫螨光、绿菜宝、虫螨扫荡平等。阿维菌素是一种高效、广谱的抗生素类杀虫杀螨剂。它是从土壤微生物中分离出的天然产物，由一组大环内酯类化合物组成，对螨类和昆虫具有胃毒和触杀作用。喷施叶表面可迅速分解消散，渗入植物薄壁组织内的活性成分可较长时间存在于组织中并具有传导作用，对害螨和植物组织内取食危害的昆虫有长残效性。主要用于防治双翅目、鞘翅目、鳞翅目和有害螨等害虫，对根结线虫作用明显。防治菜蛾、青虫，在低龄幼虫期使用2%阿维菌素乳油1 000～1 500倍加1%甲维盐1 000倍液，可有效地控制其危害；防治潜蝇和白粉虱等害虫，在卵孵化盛期和幼虫发生期用1.8%阿维菌素乳油3 000～5 000倍加1 000倍高效氯氟氰菊酯喷雾；防治叶螨、瘿螨、茶黄螨和各种蚜虫，使用1.8%阿维菌素乳油4 000～6 000倍喷雾；防治根结线虫病，按每亩用500毫升，防效达80%～90%。

②埃玛菌素　别名甲氨基阿维菌素、因灭汀、威克达等。本品属大环内酯类化合物，是一种高效广谱的杀虫杀螨剂，是阿维菌素的结构改造产物，具有超高效、低毒、无残留、无公害等生物农药的优点。其对鳞翅目、双翅目、蓟马类防效特别高，对螨类、红蜘蛛类的活性也很高。在防治鳞翅目害虫时，推荐使用剂量为每亩有效成分0.33～1.67克。

(9)其他杀虫剂及杀螨剂

①吡蚜酮　别名吡嗪酮，是一种吡啶杂环类或三嗪酮类杀虫剂，也是全新的非杀生性杀虫剂。其对害虫有触杀作用，还有内吸活性，可做叶面喷雾，也可以做土壤处理。由于该

药没有击倒活性，不会对害虫产生直接毒性，因此当害虫一旦接触药剂立即产生口针阻塞效应停止取食，最终因饥饿而死，且此过程不可逆转。故该产品对多种刺吸式害虫均有较好的防治效果，并能有效阻断这些昆虫的传毒功能。对大部分同翅目害虫，尤其是蚜虫科、粉虱科、叶蝉科等，以25%吡蚜酮可湿性粉剂，每亩15～25克进行防控。

②虫螨腈　别名除尽、溴虫腈等。该药是新型吡咯类化合物，作用于昆虫体内细胞的线粒体上，通过昆虫体内的多功能氧化酶起作用，主要抑制二磷酸腺苷（ADP）向三磷酸腺苷（ATP）的转化。该药具有胃毒作用及触杀作用，在叶面渗透性强，有一定的内吸作用，且具有杀虫谱广、防效高、持效长、安全的特点。可以控制已经产生抗性的害虫。

该药主要用于防治菜蛾、青虫、夜蛾类、蚜虫、斑潜蝇、蓟马等多种害虫。在菜蛾和蚜虫低龄幼虫期或虫口密度较低时，每亩用10%虫螨腈悬浮剂30毫升，虫龄较高或虫口密度较大时每亩用40～50毫升，对水喷雾；在防治夜蛾和天蛾幼虫时，以每亩用10%悬浮剂17～35毫升，对水喷雾。

③三氟甲吡醚　别名宽帮1号、宽帮2号。三氟甲吡醚是最新一代的杀虫剂，与常用农药的作用机制不同，因其独特的化学结构而具有独特的杀虫机制，通过激活昆虫体内的鱼尼丁受体，过度释放细胞中的钙离子，导致昆虫瘫痪死亡，对所有鳞翅目的幼虫均有极高活性，杀虫谱广，效果好，药效期长。对防治菜蛾、食心虫、青虫、黏虫、螟虫、象甲和斑潜蝇等害虫，可用10%三氟甲吡醚乳油，每亩用药50～100克，对水50千克喷雾。

此外，还有哒螨灵、喹螨醚、三唑锡、双甲脒、四螨嗪、溴螨酯、唑螨酯等杀螨剂十余种。在此不再一一详细描述。

（10）生物源类　包括生物源类农药12种，此处仅介绍对甘薯虫害防治中有代表性的3个。

①苏云金杆菌　简称Bt，别名菌杀敌、菜虫特杀、农林丰、生态宝、多害特、青虫灵、众虫净等，是一种细菌杀虫剂。苏云金杆菌可产生两大类毒素，即内毒素和外毒素，以内毒素起主要作用，作用迅速，外毒素作用缓慢。原粉为黄褐色固体，属好气性蜡状芽孢杆菌群，在芽孢囊内产生晶体，有12个血清型，17个变种。对人、畜等低毒性，对作物无药害。苏云金杆菌对害虫有很强的毒杀能力，可用于防治甘薯天蛾、菜青虫、小菜蛾、稻苞虫、稻纵卷叶螟、烟青虫、棉铃虫、灯蛾等多种害虫。本药剂可进行喷雾、喷粉或制成颗粒剂、毒饵使用。也可在菌液中加少量化学农药使用，以提高防治效果。在防治甘薯天蛾、鳞翅目和菜蛾类害虫时，每亩用可湿性粉剂150～200克，对水40～60千克喷雾，或2 000单位/微升悬浮液800～1 200毫升，或4 000单位/微升悬浮液400～600毫升，或8 000单位/微升悬浮液200～300毫升，或8 000单位/毫克可湿性粉剂200～300克，或16 000单位/毫克可湿性粉剂100～150克，或32 000单位/毫克可湿性粉剂50～75克，或100亿活芽孢/克可湿性粉剂300～400克，或100亿活芽孢/克悬浮液300～400毫升，对水45～60千克喷雾。

②多杀霉素　别名多杀菌素、菜喜、催杀等，是在土壤放线菌刺糖多孢菌发酵液中提取的一种大环内酯类无公害、高效生物杀虫剂。它的作用机理被认为是烟酸乙酰胆碱受体的作用体，可以持续激活靶标昆虫乙酰胆碱烟碱型受体，而使害虫迅速麻痹、瘫痪，最后导致死亡，且与目前常用杀虫剂无交互抗性，为低毒、高效、低残留的生物杀虫剂，既有高效的杀

虫性能，又有对有益虫和哺乳动物安全的特性，最适合无公害生产应用。对害虫具有快速的触杀作用和胃毒作用，无内吸作用。能有效地防治鳞翅目、双翅目和缨翅目害虫，也能很好地防治鞘翅目和直翅目中某些大量取食叶片的害虫种类，对刺吸式害虫和螨类的防治效果较差。在防治小菜蛾时，在低龄幼虫盛发期用2.5%悬浮剂1 000~1 500倍液均匀喷雾，或每亩用2.5%悬浮剂33~50毫升对水20~50千克喷雾；在防治夜蛾时，于低龄幼虫期，每亩用2.5%悬浮剂50~100毫升对水喷雾，傍晚施药效果最好；防治蓟马，每亩用2.5%悬浮剂33~50毫升对水喷雾，或用2.5%悬浮剂1 000~1 500倍液均匀喷雾，重点在幼嫩组织如花、幼果、顶尖及嫩梢等部位。

③苦参碱　别名苦参素、维绿特、百草1号、绿土地1号、蔬乐、绿美、绿宝清、绿丫丹等。苦参碱是一种生物碱，从中草药植物苦参的根、植株、果实中提取的苦参总碱制备而成的。苦参碱是天然植物农药，害虫一旦触及本药，即麻痹神经中枢，继而使虫体蛋白质凝固，堵死虫体气孔，使害虫窒息而死。本品是广谱杀虫剂，具有触杀作用和胃毒作用，对人、畜低毒，是无公害农药的理想选择之一。苦参碱对防治夜蛾类、菜青虫、蚜虫、红蜘蛛、尺蠖及地老虎等害虫有明显的防治效果。可喷雾，亦可拌种、灌根和土壤处理。在喷雾防治夜蛾类、蓟马、叶蝉类害虫时，每亩用2.5%悬浮液1 000~1 500倍液，或每亩用2.5%悬浮液33~50毫升，对水20~50千克喷雾。

2.杀菌剂　杀菌剂按对病害的防治作用可分为保护性杀菌剂、内吸性杀菌剂和铲除性杀菌剂。保护性杀菌剂必须在病原物接触寄主或侵入寄主之前施用，因为这类药剂对病原物的杀灭作用和抑制作用仅局限于寄主体表，而对已侵入寄主体内的病原物无效。内吸性杀菌剂能够通过植物组织吸收并在体内输导，使整株植物带药而起杀菌作用。铲除性杀菌剂的内吸性差，不能在植物体内输导，但渗透性能好、杀菌作用强，可以将已侵入寄主不深的病原物或寄主表面的病原物杀死。

按类型可以分为传统多作用位点杀菌剂、现代选择性杀菌剂、生物杀菌剂和抗生素、杀线虫剂4类。

(1)传统多作用位点杀菌剂　包括铜制剂、硫制剂、有机砷杀菌剂、取代苯类杀菌剂和其他保护性杀菌剂5类。现将在甘薯中常用的杀菌剂介绍如下。

①波尔多液　别名必备、多病宁等。波尔多液是以硫酸铜和生石灰为原料配制而成的一种广谱性低毒杀菌剂，有效成分为碱式硫酸铜，在细菌入侵植物细胞时分泌的酸性物质条件下，碱式硫酸铜产生少量铜离子，使细胞中的蛋白质凝固，并能破坏其细胞中某种酶，因而使细菌体中代谢作用不能正常进行，在这两种作用的影响下，使细菌中毒死亡。在使用波尔多液防治细菌性病害时，一般为1份硫酸铜、1份石灰粉、200份水。

波尔多液要现配现用，不能贮藏，放置过久后，易产生沉淀，药效降低。配制时应选用白色块状的新鲜、优质石灰粉，质量不好的不能用。另外，波尔多液不应在金属容器中配制。

②代森锰锌　别名百利安、安生保、安盾等。代森锰锌属硫代氨基甲酸酯类广谱低毒杀菌剂。通过抑制病菌代谢过程中丙酮酸的氧化而导致病菌死亡，因该抑制过程有6个作用位点，故病菌很难产生抗药性。该品广泛用于防治叶部真菌病害，如锈病、大斑病、疫霉

病等，其用量为100～120克（有效成分）/亩。

③代森锌　别名艾润、傲斑、夺菌命、福达星、好生灵、好邦达、好森灵、施普乐、锌而浦、新而浦等，是一种广谱性低毒杀菌剂，其杀菌方式为对病原菌含有的－SH基酶进行强烈的抑制，且能直接杀死病菌孢子，抑制孢子的萌发、阻止病菌侵入，但对已经侵入植物体内的病菌杀伤作用很小，故应该在病菌侵入之前用药，可获得较好效果。代森锌具有对许多病菌广谱性杀菌效果，可以用于许多作物和果树的多种病害，如锈病、大斑病、赤星病、立枯病、炭疽病、花生褐斑病、疫病、疮痂病、黑痣病等。一般用80%可湿性粉剂500～800倍液喷雾，或用65%可湿性粉剂500～800倍液均匀喷雾。

④克菌丹　别名盖普丹、美派安等，属有机硫类广谱低毒杀菌剂，该品既可渗透至病菌的细胞膜，干扰病菌的呼吸作用，又可干扰其细胞分裂，具有多个杀菌的作用位点，即使连续施药也极难诱导病菌产生抗药性。对多种作物上的许多真菌性病害均具有良好的预防效果，如根腐病、黑斑病、白粉病、枯萎病、纹枯病、锈病、轮纹病、炭疽病、褐斑病、叶斑病、褐腐病等。防治叶片及果实时，在发生前使用50%可湿性粉剂600～800倍液喷雾，连续多次效果明显；也可以每亩使用50%可湿性粉剂80～100克在播种前拌种，或在定植前每亩使用50%可湿性粉剂1～1.5千克均匀撒于定植沟内，混土后栽插，或于生长期使用600～800倍液灌根。

⑤百菌清　别名百恒、百慧、百旺生、菜烟清、达科宁、达霜宁、打克、返青快、菌乃安、康必乐、霉必清、霉达宁、杀霜优、棚菌清、霜灰净、霜霉清、一把清等，属有机氯类极广谱性保护性低毒杀菌剂，没有内吸传导作用，对多种作物的真菌病害具有预防作用。主要通过与有害菌细胞内的蛋白质结合，破坏细胞新陈代谢而使其丧失生命力。药剂附着力强不易被雨水冲刷，药效稳定，残效期长。可广泛用于各类作物的真菌性病害，如霜霉病、灰霉病、疫病、炭疽病、白粉病、锈病、黑斑病、褐斑病、叶斑病、茎枯病、褐腐病、叶霉病、斑枯病、疮痂病、纹枯病等。一般在病害发生前，用75%可湿性粉剂（或75%水分散粒剂）600～800倍液，或40%悬浮液600～800倍液，进行均匀喷雾；也可以每亩使用50～80克有效成分的烟剂进行多点点燃密封熏烟；还可以每亩使用5%粉剂1 000～1 500克进行喷粉。

（2）现代选择性杀菌剂　包括有机磷杀菌剂、二甲酰亚胺类杀菌剂、苯并咪唑类及其相关化合物、羧酰替苯胺类、甾醇生物合成抑制剂、苯基酰胺类、噻唑/噻二唑类、β－甲氧基丙烯酸酯类和其他类共9类，现将在甘薯生产、贮藏、育苗等常用的杀菌剂介绍如下。

①甲基立枯磷　别名甲基立枯灵、利克菌，是一种有机磷杀菌剂。对半知菌类、担子菌纲和子囊菌纲等各种病原菌均有很强的杀菌活性。对苗立枯病菌、菌核病、雪腐病、黑斑病等有良好的杀灭作用。施药方法有毒土、喷雾、拌种、浸渍、土壤撒施等。如茎叶喷雾，每亩用20%乳油200克，对水后喷雾；种子处理，每50千克用药200～300克。

②速克灵　别名腐霉利、必克灵、禾益、灰霉灭、黑灰净、棚达、棚丰、棚清、扫霉宁、万和、消霉灵、熏克、真露等。速克灵属二羧甲酰亚胺类低毒杀菌剂，能使病菌菌体破裂死亡，防止早期病斑形成，起保护和治疗作用，并具有一定内吸作用。速克灵使用适宜期长，内吸性好，耐雨水冲刷，故药效持续时间长，在没有直接喷洒部分亦能使病害受到控制。对多种蔬菜、果树和农作物的菌核病、灰霉病等病害有良好的防治效果。在防治灰霉病、菌核病

时，一般于发病初开始用药，间隔 7～10 天喷雾 1 次，共喷 1～2 次。用 50% 可湿性粉剂 1 000～1 500倍液喷雾，或 35% 悬浮液 1 000～1 500 倍液，或 20% 悬浮液 800～1 200 倍液均匀喷雾。

③多菌灵　别名棉萎灵、斑敌利、病菌杀星、大败菌、得速乐、防霉宝、黑星清、菌立安、卡菌丹、康思丹、菌立怕、粮多、立复康、霉斑敌、双菌清等，是一种苯并咪唑类高效、广谱、低残留的内吸性杀菌剂，通过干扰真菌的细胞分裂，导致病菌死亡。该药品有一定的内吸作用，喷施后一旦进入植物体内，可迅速传导到全株，对多种作物由真菌（如半知菌、多子囊菌）引起的病害均有防治效果。可用于叶面喷雾、种子处理和土壤处理等。对防治白粉病、疫病、炭疽病、菌核病，每亩用 50% 可湿性粉剂 100～200 克，对水喷雾，于发病初期喷洒，共喷2 次，间隔 5～7 天；对灰霉病可用 50% 可湿性粉剂 300 倍液喷雾；防治十字花科菌核病、灰霉病，用 50% 可湿性粉剂 600～800 倍液喷雾；防治苗期立枯病、猝倒病，用 50% 可湿性粉剂 1 份，均匀混入半干细土 1 000～1 500 份，播种时将药土撒入播种沟后覆土，1 米^2 用药土 10～15千克；防治枯萎病、黄萎病，用 50% 可湿性粉剂 500 倍液灌根，每株灌药 0. 3～0. 5 千克，病重的地块间隔 10 天再灌第二次。

④三唑酮　别名克赤增、粉锈宁、百理通、百菌酮、爱丰、百里通、粉菌特、粉锈通、丰收乐、丰收灵、菌克灵、菌灭清、菌通散、立菌克、科西粉、优特克等，属三唑类内吸治疗性低毒杀菌剂，具有高效、低毒、低残留、广谱特性。通过抑制病菌的生物合成，进而抑制病菌的发育、生长。主要用于防治各类作物的锈病、白粉病，以及黑穗病、纹枯病。在喷雾时，一般使用 25% 可湿性粉剂 1 500～2000 倍液，或 20% 乳油 1 200～1 500 倍液；也可以用 3～5 克有效成分药剂拌种 3～5 千克。

⑤烯唑醇　别名病除净、敌力康、格利泰、禾果利、黑白清、力波星、立克菌、杀黑星、杀菌宝、施立脱、特普坐、特效灵、沃克等，属三唑类低毒广谱杀菌剂，具有保护、治疗、铲除及内吸向顶传导的作用，通过抑制真菌的麦角甾醇生物合成，导致真菌细胞膜不正常，最终死亡。该药品持效期长久，对人、畜、有益昆虫、环境安全；对子囊菌、担子菌引起的多种植物病害如白粉病、锈病、黑粉病、黑星病等有特效。还对尾孢霉、球腔菌、核盘菌、菌核菌、丝核菌引起的病害有良效。在防治锈病和白绢病时，用 12. 5% 可湿性粉剂 3 000～4 000 倍液，或用 5% 微乳剂 1 000～1 200 倍液喷洒；在防治油料作物白粉病、锈病时，每亩用 30～60 克喷施。

⑥叶枯唑　别名叶青双、噻枯唑、奥歌、比森、病菌通灭、猛克菌、叶枯宁、豪格、康驰等。叶枯唑是一种有机杂环类内吸性低毒杀菌剂，具有预防和治疗作用，药效稳定，持续期长，使用安全无害，主要用来防治植物细菌性病害，对叶枯病、软腐病、清枯病和细菌性条斑病、溃疡病等有较好的防治效果。对白叶枯病和细菌性条斑病、溃疡病喷雾防治时，一般每亩使用 15% 可湿性粉剂 180～250 克，或 20% 可湿性粉剂 120～180 克，或 25% 可湿性粉剂 100～150 克，对水 30～45 千克喷雾；也可以使用 15% 可湿性粉剂 300～400 倍液，或 20% 可湿性粉剂 400～500 倍液，或 25% 可湿性粉剂 500～600 倍液灌根，每株浇灌药液 150～250 毫升。

⑦咯菌腈　别名勿落菌恶、适乐时，是一种新型非内吸吡咯类触杀性广谱、低毒杀菌

剂，通过抑制病菌体内与葡萄糖磷酰化的有关转移，并抑制真菌菌丝体的生长，最终导致病原菌死亡。该药在土壤中稳定不移动，在种子和幼苗周围形成一个稳定而持久的保护圈，防止病菌入侵，可达4个月之久。除做种子处理以外，防治对象主要为黑穗病、纹枯病、雪腐病、根腐病、青枯病、茎基病、猝倒病、立枯病、炭疽病、菌核病、黑根病、黑斑病、疮痂病等。拌种时可以防治种传和土传病菌，如链格孢属、壳二孢属、曲霉属、镰孢菌属、长蠕孢属、丝核菌属及青霉属菌。咯菌腈作为悬浮种衣剂，具有成膜快、不脱落、对作物安全、耐受性好、耐储藏等优点。一般对谷物种子每10千克种子用25克/毫升悬浮种衣剂10～20毫升，蔬菜种子40～80毫升。在防治枯萎病、立枯病等病害时，一般用2.5%咯菌腈悬浮液800～1 500倍液灌根。

⑧甲霜灵　别名瑞毒霉、甲霜安、瑞毒霜、灭达乐、韩乐农、阿普隆、雷多米尔、米达乐、植欢灵等，属酰苯胺类低毒杀虫剂，具有保护和治疗功效，通过影响病菌的DNA合成而抑制病菌的生长，导致病菌死亡。该药内吸渗透性好，可被全植株各部分吸收，进而杀死植株体内的病菌。常用于防治黑腐病、霜霉病、黑斑病、绵腐病、白锈病、猝倒病、立枯病、绵疫病等。使用方法有喷雾、涂抹、浇灌和拌种。对地上部分以喷雾防治时，可在发病初期或发病前，使用25%可湿性粉剂600～800倍液均匀喷雾，5～7天1次，与其他药剂交替喷施2～3次。在进行灌根时，在病害发生前或发病初期，使用25%可湿性粉剂600～800倍液，每株浇灌150～250毫升。

（3）生物杀菌剂和抗生素

①乙蒜素　别名鼎苗、断菌、伏尔、福盛、菌无菌、皮特、菌爽等，是21世纪新一代人工合成的具有杀菌作用的大蒜素，属有机硫类，中等毒性，有治疗和保护作用，是一种广谱、高效、内吸、无公害杀菌剂。通过与病菌体内的物质反应，进而抑制菌体正常代谢，同时对植物生长也有刺激作用，可加快出苗和生长。广泛适用于多种作物的白叶枯病、黑穗病、条纹病、枯萎病、黄萎病、炭疽病、叶斑病、青枯病、蔓枯病、枯萎病以及作物苗期立枯病、猝倒病、烂根病等，有浸种、拌种、土壤处理、喷雾、涂抹等多种使用方法。在防治叶部和果实病害时，一般使用80%乳油1 000～1 200倍液，或41%乳油500～600倍液，或30%乳油400～500倍液喷雾；防治枯萎病、青枯病等根部病害时，使用80%乳油1 000～1 200倍液，或41%乳油500～600倍液，或30%乳油400～500倍液灌根；亦可用80%乳油2 000倍液，或41%乳油1 000倍液，或30%乳油800倍液浸泡薯块，防治甘薯黑斑病。

②春雷霉素　别名艾雷、春日霉素、爱诺春雷、傲方、加收米、雷爽、田翔、旺野、宇好等，是一种放线菌产生的代谢产物，通过干扰病菌的代谢系统，影响蛋白质合成，进而抑制菌丝生长并造成细胞颗粒化。属农用抗生素类低毒杀菌剂，有较强的渗透性和内吸性，并能随植株体内循环而移动，喷施后见效快，耐雨水冲刷，持效期长，既有预防和治疗作用，还有促进叶片叶绿素增加，延长收获的作用。主要用于防治叶霉病、疮痂病、叶斑病、枯萎病及炭疽病等真菌或者细菌性病害。一般可以2%水剂或2%可湿性粉剂400～500倍液，或4%可湿性粉剂800～1 000倍液，或6%可湿性粉剂1 200～5 000倍液，均匀喷雾，在发病初期或者初见病斑时用药最好。亦可用2%水剂或2%可湿性粉剂200～300倍液，或4%可湿性粉剂400～600倍液，或6%可湿性粉剂600～800倍液，每株浇灌200～300毫升，可以有效防

治枯萎病。

③井冈霉素　别名春雷米尔、稻纹灵、稻纹清、多抑菌、好去宁、靓宝、苗之俏、瑞景丰、治禾夫等。井冈霉素是一种放线菌产生的抗生素，易溶于水，具有较强的内吸性，易被菌体细胞吸收并在其内迅速传导，进而干扰和抑制菌体细胞的生长和发育，逐渐杀死病菌。主要用于水稻和麦类纹枯病，也可用于水稻稻曲病、玉米大小斑病以及蔬菜和棉花、豆类等作物的立枯病。在防治纹枯病时，一般每次每亩用5%井冈霉素可溶性粉剂100～150克或5%井冈霉素水剂100～150毫升，对水75～100千克喷施，间隔期7～15天，施药1～3次；对立枯病的防治，一般每亩用5%水剂100～150毫升，对水50～75千克喷雾。

④农用链霉素　别名硫酸链霉素、爱诺链宝、溃枯宁、细菌清等。农用链霉素是防治细菌性病害的专用药剂。该品是一种放线菌代谢产生的低毒、低残留抗生素药剂，粗制适于防治农作物多种病害。具有保护和治疗作用，弱酸性，易溶于水，对人、畜低毒，使用安全，不污染环境。通过干扰细菌蛋白质的合成，而抑制肽链的延长，导致病菌死亡。主要对于防治甘薯茎腐病（黑腐病）、软腐病、黑斑病、溃疡病、疮痂病、青枯病、叶斑病、叶枯病等具有很好的效果。一般喷雾防治时，可用72%可溶性粉剂2 500～3 000倍液，或68%可溶性粉剂2 500～3 000倍液，或40%可溶性粉剂1 200～1 500倍液，或24%可溶性粉剂600～800倍液，或100万单位/片泡腾片对水7～8千克。上述溶液亦可以用于灌根。

⑤宁南霉素　别名菌克毒克、翠美、翠通，是一种微生物源低毒、低残留，不污染环境的新农药，属嘧啶核苷肽型抗生素类，对病害具有预防和治疗作用。该药水溶性好，内吸渗透性强，耐雨水冲刷。宁南霉素不仅是一种病毒钝化剂，用于防治病毒类病害，还是一种杀菌剂，用于防治多种真菌性病害。主要用于多种作物的病毒病、叶枯病、白粉病、根腐病、立枯病等。在对病毒病等进行地上部分病害防治时，一般每亩10%可溶性粉剂60～80克，或8%水剂75～100毫升，或4%水剂150～200毫升，或2%水剂300～400毫升，对水30～45千克喷雾；在利用拌种防治根腐病时，每亩使用10%可溶性粉剂12～16克，或8%水剂15～20毫升，或4%水剂30～40毫升，或2%水剂60～80毫升，拌匀后晾干播种。

（4）杀线虫剂　杀线虫剂是用于防治植物寄生性线虫的化学药剂。根据药剂的选择性与使用方法分为具有土壤熏蒸消毒作用和以触杀作用为主、不具有熏蒸作用的两类土壤处理剂，这两类药剂兼有防治土壤中的病原菌、土栖昆虫或杂草的作用。叶面喷洒处理剂可通过叶面内吸输导，防治根部和叶面线虫。种子处理剂可用于种子处理。

①苯线磷　别名力满库、克线磷、苯胺磷、线威磷，是一种具有触杀作用和内吸作用的杀线虫剂。药剂从根部进入植物体，在植物体内上下传导并能很好地分布在土壤中，借助雨水和灌溉水进入作物根层，是较高效的杀线虫药剂。每亩用10%颗粒剂2～4千克，随播种（栽插）施入或在生长期施入根际附近的土壤中防治甘薯线虫。

②除线磷　别名酚线磷、氯线磷、敌草青、敌草腈。是一种杀线虫药剂和土壤处理剂，具触杀作用，无内吸性。适宜于防治多种作物的线虫，也可以防治蔬菜的蝇类。在使用方法上，除了土壤施用外，还可以拌种、浸种等。一般每亩用有效成分8～8.5千克喷雾，防治多种土传线虫病害。

③硫线磷　又称克线丹，是20世纪80年代出现的有机磷杀线虫剂，主要成分为乙酰胆

碱酯酶抑制剂，具触杀性，无熏蒸作用，水溶性及土壤移动性低，是当前效果较好的杀线虫药剂，在防治线虫的同时，亦可作为杀虫剂，防治地下害虫。常用于防治各类根结线虫、穿孔线虫、螺旋线虫、短体线虫、纽带线虫、刺线虫、轮线虫、毛刺线虫及肾形线虫。一般在播种时或作物生长期施用，可以采用沟施、穴施或撒施，推荐用量为每亩使用2～4千克。根据不同作物种类和种植方式，用药量和施药方法有一定区别。低温使用容易产生药害。甘薯每亩用有效成分2～2.5千克穴施或条施。

④灭线磷　别名灭克磷、益收宝、丙线磷、益丰收、虫线磷，是一种有机磷类广谱性防治线虫和地下害虫的药剂，可以通过药剂接触虫体，特别是在线虫幼虫蜕皮开始活动后，内渗入虫体内部，抑制乙酰胆碱酯酶的活性，就能发挥药效。作用方式为触杀，无熏蒸作用，亦无明显的内吸作用。用于土壤处理，不宜做叶面处理。常用于防治麦类孢囊线虫及花生、甘薯、马铃薯线虫等。在防治甘薯线虫时，每亩用20%颗粒剂1 000～1 300克。

3. 除草剂　除草剂是用于防除杂草和小灌木的一类农药。凡是对人类的生产建设和生活有妨碍而需要铲除的植物，统称杂草。据调查，全世界有3万种以上杂草，其中可造成严重经济损失的约1 800种。据估计，全世界的农作物每年由于草害（已经过人工或机械除草）平均要损失潜在产量的12%左右。人类同杂草的斗争，最古老的方法是人工锄草或拔草，20世纪初开始采用机械除草，这两种方法不仅消耗大量劳动力和能源，而且效果不理想，在使用化学除草方法后，草害的问题才基本上得到解决。化学除草方法方便、有效而且经济，已经成为现代农业技术不可缺少的组成部分。除草剂的使用，不仅保证了农业高产、稳产，提高劳动生产率和改善了劳动条件，而且还促进栽培技术的革新，如免耕法和地膜栽培法等的发展。此外，除草剂还广泛应用于非农耕地的除草，如森林、草原、城市绿化区、工业场地、交通沿线（铁道、公路、机场）、堤坝、水坝、池塘等。

按照除草剂的作用方式、施药部位、化合物来源等多方面分类。根据作用方式可分为选择性除草剂和灭生性除草剂。根据除草剂在植物体内的移动情况分为触杀型除草剂，内吸传导型除草剂和内吸传导、触杀综合型除草剂。根据化学结构分为无机化合物除草剂和有机化合物除草剂。按使用方法分为茎叶处理剂，土壤处理剂和茎叶、土壤处理剂等。

在农作物上常用的除草剂有苯氧羧酸类、芳氧苯氧基丙酸酯类、二硝基苯胺类、三氮苯类、酰胺类、取代脲类、二苯醚类、环状亚胺类、磺酰脲类、氨基甲酸酯类、有机磷类和其他类别等。甘薯田常用除草剂的使用请参见本书第五章相关叙述内容。

4. 植物生长调节剂　植物生长调节剂是仿照植物激素的化学结构人工合成的具有植物激素活性的物质。这些物质的化学结构和性质可能与植物激素不完全相同，但有类似的生理效应和作用特点，即均能通过使用微量的特殊物质来达到对植物体生长发育产生明显的调控作用，其合理使用可以使植物的生长发育朝着人为预定的方向发展。还可以增强植物的抗虫性和抗病性，起到防治病虫害的目的。还有一些生长调节剂可以有选择性地杀死一些有害的植物，也可用作除草剂。

（1）多效唑　别名矮乐丰、多生果、颗颗满等。多效唑是20世纪80年代研制成功的三唑类低毒植物生长调节剂，是高效、持久的广谱性植物生长延缓剂，是内源赤霉素合成的抑制剂。通过抑制贝壳杉烯类物质的合成，而抑制内源赤霉素的合成。具有延缓植物生长，抑制茎秆伸长,缩短节间,使植株矮壮,根系发达;促进植物分蘖和侧芽萌发,促进增加花芽数量,提高坐果率;增加叶片内叶绿素含量和可溶性蛋白含量,提高光合速率,降低气孔导度和蒸腾速度,增加植物抗逆性能,提高产量等效果。多效唑可被根系、叶片吸收,既可土施,也可喷施。广泛应用于多种作物和果树、蔬菜的增花、增果、控制旺长等。在甘薯等作物主要是控制因氮肥过多造成的旺长,一般于栽插后60天,用10%可湿性粉剂500~800倍液喷施,每隔7~10天,重复喷施1次,可有效控制旺长。

(2)矮壮素　别名稻麦立、矮丰多、矮脚虎等。矮壮素是一种优良的低毒植物生长调节剂,是赤霉素的拮抗剂,其生理功能是阻逆贝壳杉烯的合成,导致内源赤霉素生物合成受阻,从而控制植株的营养生长(即根茎叶的生长),促进植株的生殖生长(即花和果实的生长),使植株的节间缩短、矮壮并抗倒伏,促进叶片颜色加深加厚,光合作用加强,坐果率提高,增强抗旱性、抗寒性和抗盐碱、抗病虫的能力。广泛用于多种作物、蔬菜、花卉和果树。甘薯在栽插后50~60天发现有旺长趋势时,可以1 500~2 000倍液喷洒叶面,间隔7~10天重复再喷1次,即可控制旺长。

(3)甘薯膨大素　由赤霉素 $A_4 + A_7$ 和芸薹素内酯、细胞膨大素、植物蛋白、DA-6组成的复合调节剂。喷施甘薯膨大素能增强甘薯茎叶的光合作用,提高叶绿素的含量和群体光合效率,能更充分地将合成产物运向根部,增加薯块重量和数量,还能使薯块外观更光滑,颜色鲜艳。在甘薯田使用时,可以每亩用膨大素2.5克溶化在1千克清水中,再加放1.5~3千克土搅拌成糊状,将薯苗基部蘸上泥浆,然后移栽大田;亦可将3克药粉溶化在1千克的清水中,把薯苗扎成100株1把,扎好后将薯苗1~2节放入药液中,浸泡3~5小时即可,然后移栽大田;还可以将药粉15克对水30千克,于甘薯膨大期(移入大田后50~70天)均匀喷施叶面。在含氮量较高有旺长趋势的地块,可在栽插后70~100天与矮壮素混合喷施叶面,能有效地控制薯秧的徒长。

(4)赤霉酸　简称GA,别名九二零、赤霉素、纯劲、果焱、金哥、奇宝、瑞雪宝、瑞赢、植保特等。赤霉酸是一种广谱性植物生长调节剂,是植株体内五大植物内源激素之一,主要生理功能是促进植物生长发育,即促进细胞伸长,促进叶片扩大,单性结实,果实生长或膨大,打破种子(块茎和鳞茎)休眠,影响开花时间,减少花和果实脱落,延缓衰老和保鲜。外源赤霉酸也有同样的功效,喷施后,经植株体吸收传导到生长活跃的部位发生作用。可广泛应用于果树、蔬菜、粮食作物及经济作物。

(二)农药的使用原则及科学使用技术

安全使用农药的核心是科学正确使用,就要求使用农药必须根据生产实际中千变万化的自然条件和生产条件,正确合理选择农药,充分发挥农药的特性,进行综合分析、灵活运用。

1.使用原则

(1)购买运输和保管贮藏

①正确购买农药　使用农药的目的在于防治病、虫、草、鼠的危害,提高经济产量,而这些有害生物在不同的环境条件下其自身的行为、习性、生态型也不一样,对药剂的反应及耐药性均会有所变化。所以,在选用农药时除了要根据有害生物的类别选用相应的药剂种类

之外,还要根据当地实际试验结果和有关资料来选用合适有效的农药种类,特别在一些长期使用化学农药的地方,某些有害生物均不同程度地产生了抗药性,更要向当地的农业技术人员进行咨询,结合当地的实际和试验结果来选用,不能仅凭资料介绍简单购买。购买时必须注意农药的包装,防止破漏;注意农药的品名、有效成分、含量、出厂日期、使用说明等,不购买鉴别不清、质量失效、不确定性使用的农药。

②运输　运输农药时,应先检查包装是否完整,发现渗漏、破裂的,应及时更换,或者用规定的材料重新包装后再运输,并及时处理好被污染的地面、运输工具、包装材料。搬运农药时要轻拿轻放,按照标志进行堆放。农药不得与粮食、蔬菜、瓜果、食品和日用品等混合运输。

③贮存　购买的农药应集中贮存。有专业机防队伍的地方,应贮存在专业队、作业组的专用仓库内,专门用具,专人保管,个体农户也应按照使用数量,随时购买随时使用,尽量不存放。如果使用后剩余少量农药应在田间妥善处理,没有开口的农药,应退回购买门市部,或者存放在高处且要有箱柜等儿童触摸不到的地方,门窗要牢固,通风条件要好,箱柜要加锁。坚决杜绝随意堆放的陋习。

(2)使用范围　凡已经制定出《农药安全使用标准》的品种,都要按照标准的要求执行。必须严格禁止出售、购买、贮藏国家明令禁止的高毒农药,不得在蔬菜、茶叶、瓜果、中草药等作物上使用。除杀鼠剂外,高毒农药也不准用于毒鼠。严格禁止氟乙酰胺在农作物上使用,不准用作杀鼠剂。禁止使用农药毒鱼虾、青蛙和益鸟。

(3)注意事项　一是配药时,配药人员要戴胶皮手套,必需用量应按照规定的剂量称取药液或药粉,不得任意增加用量,严禁用手拌药。二是拌种要用工具搅拌,用多少拌多少,拌过的种子应尽量用机具播种。如确需手撒或点种,必须戴防护手套,播种以后剩余的毒种应及时销毁,不准用作口粮或饲料。三是配药和拌种时,要远离饮用水源和居民生活区,要有专人看管,严防农药、毒种丢失或被人、畜、家禽误食。四是使用手动喷雾器具应隔行喷雾,不能左右两边同时喷,大风和中午高温时应停止喷药。药桶内不要装得太满,防止溢出污染施药者的身体。喷施前,要仔细检查药械是否完好,螺丝是否拧紧,开关是否灵敏,药桶有无渗漏。绝对禁止用嘴吹吸喷头、滤网。五是喷洒过农药的地方要有标志,在安全期内禁止放牧、割草、挖野菜,以防人、畜中毒。六是要及时将施药的器械如喷雾器、量具等,清洗干净,连同剩余农药一起交专门保管人员,不得带回家。清洗药械的污水应选择安全地点妥善处理,不准随意泼洒,防止污染饮水源和鱼塘。盛过农药的器具,不准再用来盛放粮食、油、酒水和饲料。农药的包装,及装过农药的箱、瓶、包、袋等要集中处理,不要随意丢放。

(4)施药的保护　一是施药人员要由认真负责、身体健康的青壮年及经过技术培训的人员担任。凡是体弱多病者、患皮肤病及其他疾病未愈者,哺乳期、孕期、经期的妇女,以及皮肤损伤未愈的,均不得喷药,喷药时不得携带儿童到作业地点。二是施药人员必须佩戴防毒口罩,穿长袖衣服、长裤和鞋袜。不得在打药期间进食、饮水、饮酒、抽烟,不能用手擦嘴、脸、眼睛。工作结束之后,要用肥皂彻底清洗手、脸并漱口,有条件的应洗澡。被农药污染的衣服、工作服要及时更换、清洗。三是施药人员每天工作一般不得超过6小时,使用背负式机动药械的，要两人轮换操作。四是操作人员如有头疼、头昏、恶心、呕吐等症状时，应先离开施药现场，脱掉污染衣服，漱口并清洗手和脸等暴露的皮肤部位，及时到医院诊断治疗。

2. 科学使用技术　科学使用才可以达到安全使用。因此，施药时要严格遵守使用方法、程序、剂量、浓度，按照操作要求和标准进行。

(1)选择农药　首先是严格禁止使用国家明令禁止的农药，限制使用高毒农药，特别是一些毒性强、易残留，对农产品质量、环境和人们身体健康有影响的农药。其次是按照农作物需要防治的对象选择合适的农药类型，优先选用生物农药及用量少、毒性低、残留期短的农药，同时考虑农药的价格和经济承受能力。

(2)按照农药使用的标准使用农药　目前，在市场的农药均为经过国家批准、登记、准许发放的农药，这些农药在生产过程中，要严格按照执行标准进行生产、运输、包装。因此，施药者应按照农药标签上的推荐剂量用药，控制施药次数、施药量、间隔期。还应咨询当地农业技术人员，确定各类农药在当地的试验、示范情况，明确使用农药的种类、剂量和使用时期。一方面不能降低用量影响防治效果，另一方面也不能过多用药增加成本和污染环境。

(3)合理选择施药方法　农药的使用多种多样，要遵守农药使用规范，还必须根据当地习惯和环境、有害生物种类和发生规律、药剂性质和剂型特点等确定。施药的方法主要有喷雾法、喷粉法、撒施(泼浇)法、熏蒸法、浸种(苗)法、拌种(土)法、毒饵法、土壤处理法、植株药剂注入法和植株药剂包扎法。通常喷粉法仅有10%～20%的药粉落在植株表面，喷雾法有25%～50%的药液滴落在植株上，而实际能够作用于防治生物的药量不足1%。故应根据对象和具体情况选择施药方法，提高农药利用率。无论采取何种施药方法，均要做好安全防护，确保施药人员的人身安全，防止中毒等意外事件发生。

(4)适时施药　要了解和把握有害生物的防治标准，当达到防治标准临界点时，要及时购买，及时喷施防治。防治害虫、鼠、草害，一般要选择在低龄期、幼虫期、幼苗期等关键时期进行；防治病害，应在始见病害时就用药。过早或过晚施药均达不到理想效果。掌握防治标准，可以避免盲目施药，减少施药次数，降低成本，减少环境污染。

(5)合理轮换施药　即根据施药对象和时期，轮换使用不同种类和作用机制的农药，防止或者减缓有害生物产生抗药性，因为不同类型或作用机制的农药，对有害生物的作用位点和方式不一样，使有害生物的选择性不同，从而难以产生抗药性或减缓抗药性的产生。

(6)合理复配混用农药　复配混用农药，既可以增加药效，防治多种有害生物，又可以减少防治次数，有效解决病虫的抗药性，增强防治效果，降低成本，提高效率。但应遵循以下原则：一是要严格按照复混农药禁忌进行，不同品种的农药之间不能起化学变化，保证有效成分和杀虫效果不能降低，不能产生有害物质。二是在田间现混现用时，要注意不同成分的物理性状是否有变化，如果出现分层、絮状或者乳剂破坏，悬浮率降低甚至结晶析出等，就不能混合使用。三是欲混配的农药要有不同的作用方式和作用对象，以便在混配使用后能防治不同的有害生物对象，以达到1次防治多种效果的目的。四是不同的药剂混配后，要能增加药效，降低残留量。

(7)选用无公害农药　无公害农药就是环境相容性好,对人、畜安全,不污染环境和农产品的农药。无公害农药在自然条件下易光解和被微生物分解,不污染环境,在农产品中无毒、无残留。

二、药害防治

在甘薯生产中,病虫草害的发生直接影响着农作物的生长发育,影响着甘薯产品的质量和产量。而在对其病虫草害的防治措施中,离不开农药的使用。为了正确使用农药,有效地防治病虫草害,首先要了解农药对农作物的危害。农药的危害可以分三部分,即对人畜的危害、对有益生物群落的危害和对作物的危害。本节重点介绍农药对作物的危害。

(一)农药对农作物危害的原因

农药对农作物产生危害的原因主要有六个方面:

☞ 使用对农作物敏感的农药,如玉米、大豆等对敌百虫、敌敌畏较敏感,应禁用。

☞ 用量不当,使用浓度过高或用药量过大易引起农药对农作物的危害。

☞ 在作物的用药敏感期用药,如在作物苗期、花期、幼果期及作物长势弱、耐药力弱时用药易引起危害。

☞ 受自然条件影响,如高温、强光照射、空气干燥、相对湿度低,雨天或露水很大时施药易引起危害。

☞ 因使用残留期长的农药引起对下茬作物的危害,特别是除草剂对上茬作物安全,而对下茬作物产生危害。

☞ 因质量问题或农药混用不当等因素对农作物产生危害。

(二)农药对农作物危害的症状

1.残留型危害　这种危害的特点是施药后对当季作物不发生危害,而残留在土壤中的药剂,对下茬较敏感的作物产生危害。这种危害多在下茬作物种子发芽阶段出现,轻者根尖、芽梢等部位变褐或腐烂,影响正常生长;重者烂种烂芽,降低出苗率或完全不出苗。这种危害容易和肥害等混淆。可采用了解前茬作物的栽培管理情况及农药使用史来诊断,防止误诊。值得引起重视的是近几年在麦薯轮作等模式中,麦季使用的除草剂易残留并危害到甘薯的生长,上年的玉米田除草剂也往往残留至翌年危害甘薯,而且这种现象越来越严重。

2.慢性型危害　这种危害易和其他生理性病害相混淆。可采用了解病虫害的发生情况,施药种类、数量的方法诊断。

3.急性型危害　这种危害具有发生快、症状明显的特点,一般表现为作物叶片出现斑点、穿孔、焦灼、卷曲、畸形、枯萎、黄化、失绿或白化等。根部受害表现为根部短粗肥大,根毛稀少,根皮变黄或变厚、发脆、腐烂等。种子受害表现为不能发芽或发芽缓慢等。植株受害表现为落花,落蕾,果实畸形、变小、出现斑点,褐果,锈果,落果等。这种危害多是由于过量使用农药或是使用农药进行种子处理不当所致。

另外，农药因药剂类型不同，造成的危害症状也不同。如烟雾剂主要危害症状是凋谢、落叶、落花、落果等；土壤消毒剂主要危害症状是作物发芽不良，顶芽停止生长，缩叶、黄化叶等；除草剂主要危害症状是缩叶、黄化叶等；液体农药主要危害症状是叶部出现五颜六色的斑点、花叶、畸形、黄化、变厚、局部焦枯，空孔或脱落、落花、落果、果面污点症及植株凋萎等。

（三）农药对农作物危害的解救措施

充分了解药剂性质，严格控制使用剂量和浓度，选择正确的配制和使用方法。对作物敏感的农药应禁用或慎用，在作物敏感期应慎用或降低浓度，高温、干旱、大风时不能施用，应合理安排种植结构，避免上下茬作物、邻近作物使用农药引起危害。对当地未曾施用过的新农药，在施用前必须进行小面积的药剂试用。只有这样才能有效预防农药对农作物产生危害。农作物发生危害后，可根据具体情况，采取以下补救措施：

1. 喷施中和剂　针对导致危害的药物性质，使用与其性质相反的药物进行中和缓解，如乐果等有机磷农药产生药害后，可喷施200倍液的硼砂溶液1～2次。

2. 喷施解毒剂　如多效唑等抑制剂或延缓剂造成危害时，可喷施赤霉酸等溶液解救。

3. 灌水降毒　因土壤施药过量造成的药害，可灌大水洗田，一方面满足作物根系的吸水需求，增加作物细胞水分含量，降低作物体内农药的相对浓度，另一方面灌水能降低土壤中农药浓度，减轻农药对农作物的毒害。

4. 喷施生长调节剂　根据作物的需要，选用生长调节剂进行叶面喷施。能促进作物恢复生长，减轻药害造成的损失。

5. 及时增施肥料　作物发生危害后生长受阻，长势减弱，若及时补充氮、磷、钾肥或腐熟有机肥，可促使受害植株恢复生长。

6. 叶面喷肥　叶面喷施化肥作物吸收快，可根据作物需肥种类，用0.1%～0.3%磷酸二氢钾溶液或0.2%～0.3%尿素溶液，或叶面宝、多效活力素、惠满丰等叶面肥进行喷施，以促进作物根系发育，尽快恢复生长。

（四）正确、合理使用农药

1. 确定防治对象，对症下药　不同作物或同一作物的不同品种对农药的敏感性有差异，如果把某种农药施用在敏感的作物或品种上就会出现危害。当田间发生病虫害时，首先要根据其特征和危害症状进行识别和诊断，确定其种类。其次，根据该病虫害发生的特点和规律，选择对路农药、最佳用药时期和用药量。在选定防治药剂后，还要根据作物的生长期和病虫害发生程度，掌握最佳的防治时期，并严格按照农药包装上注明的使用浓度进行科学配制。

2. 掌握适宜的浓度和防治时期　在选定防治药剂后，还要根据作物的生长期和病虫害发生程度，掌握最佳的防治时期，并严格按照农药包装上注明的使用浓度进行科学配制。有些农药的使用有严格的规定，只有在一定的剂量和浓度下才对作物安全，若盲目改变使用浓度，极易产生药害。

3. 选择适宜的施药方法　优质的农药只有配合适宜的施药方法，才能收到良好的防治效果。喷施农药时，必须根据病虫害发生种类及规律、自然环境条件、药剂种类和剂型等各方面因素选用正确的施药方法。

4. 把握喷药时间　注意天气条件，大雾、大风和下雨天在田间喷施农药，会造成农药大量流失和飘移，并容易发生人员中毒事故，是绝对不允许的；露水未干和雨后作物叶片上留有水珠时喷施，易造成药剂被露水冲洗或稀释而降低其药效；气温太高的天气，水分容易蒸发，喷到作物上的农药浓度增加，会引起作物药害发生，也不宜喷药；喷施农药的最佳时间是上午 8 ~ 10 点或下午 5 点后。

5. 防止药液的飘移　使用除草剂时要特别注意防止雾滴飘移到邻近的敏感作物上，并注意施药时的风向。

6. 防止残留药害　有些除草剂在土壤中降解较慢，残留期长，在上季作物施用而残留在土壤中的这些除草剂有可能影响下茬敏感作物的正常出苗和生长。为防止这类除草剂的残留药害，首先是要按照说明书标明的剂量、浓度、使用方法进行施药，严禁加大施药量或者施药浓度；其次是选择低毒、低残留的农药，以及选择易于光解、微生物降解的农药。

第六章

不良环境条件对甘薯的影响与防救策略

本章导读：本章主要介绍了不良环境对甘薯生长发育造成的危害及其防救策略，旨在使读者深入了解不良环境条件对甘薯生产的危害机理、危害特点和影响程度，掌握甘薯灾害的防救技术，提高甘薯生产效益。

第一节

高温干旱的危害与防救策略

一、高温干旱对甘薯生长的影响

甘薯的生长最低温度是15℃，达到这个温度，幼苗才能缓慢发根。当气温达到18℃以上时，茎叶才能够正常生长，在15～30℃下，温度越高，生长越快，以25℃为最适宜。当温度从20℃上升到27℃甚至30℃左右时，发根速度明显加快，根数也增多。当温度超过35℃时生长减慢，温度再高，则生长停止，甚至死亡。

水是甘薯植物体的重要的组成部分，它是甘薯代谢过程中的介质和溶剂，对散热、保温、植物体的萎蔫、物质的运转都起着重要作用。如果土壤水分含量不足，就会出现甘薯茎叶生长弱小、光合同化能力降低、细胞木质化程度加大、结薯少、薯块小等现象。甘薯虽然不属于旱生植物，但是在各种作物中，它是比较耐旱的，遭受干旱时，短时间内生长和养分积累暂时受到影响，但一遇到降水或灌水，很快就能恢复生长。

在甘薯生长过程中，土壤水分以最大持水量的60%～70%（绝对含水量的16%～18%）为宜。甘薯需水量的多少，在整个生育期中，由低到高，再由高到低。栽植后，植株小，需水量小，土壤持水量最好保持在60%～70%；随着分枝结薯，茎叶盛长，土壤持水量要增加到70%～80%；后期气温下降，茎叶生长缓慢，土壤持水量又要减少到70%以下。整个生育期中不同阶段需水状况是：发根分枝结薯期，耗水量占总耗水量的20%～30%，平均每公顷昼夜耗水量达19.5～31.5米^3；薯蔓并长期，耗水量占总耗水量的40%～45%，平均每公顷昼夜耗水量高达75～82.5米^3；薯块盛长期，耗水量占总耗水量的30%～35%，平均每公顷昼夜耗水量为30米^{3}左右。

（一）苗期高温干旱对营养生长的影响

1. 根系　甘薯苗期所受的高温干旱灾害情况有所不同，在春薯区，种植时气温一般在17℃左右，蒸发量小，加上一般浇窝水栽种或趁墒栽种，高温干旱灾害一般容易被人们所忽视。但是，春季气温回升特别快，尤其在下了一次小雨之后，1周之内温度可回升到15℃左右。如果薯农趁墒栽种，没有浇窝水，或者很少浇窝水，蒸发量特别大，在这样的天气下如果薯苗健壮，很快就生根成活；如果苗子弱小抵抗不了高温的危害，就会生根迟缓，影响发育，幼根易转化成柴根，甚至生不了根，成活率很低。因此，甘薯栽种时，一定要浇窝水，即使是趁墒“拉泥条”栽种，也应适当浇水，以利于早生根、早发棵，从而提高成活率，给高产奠定基础。

在夏薯区，由于气温高，根系尚没有形成，或者根系不发达，若干旱缺水，就会加剧高温的危害,对根系的影响更大,这种灾害表现更明显,或者成活率低,或者即使成活,根系也不发达,薯苗长势不旺,最终产量不高。若生长初期干旱时间长,土壤持水量低于50%,则甘薯容易结柴根,且结薯少而迟,茎叶不健壮,产量低。因此,若种植夏薯,必须有灌溉条件,否则,一旦出现问题,将给产量造成巨大损失。

2. 茎叶　高温干旱对甘薯苗期茎叶的影响也比较明显。危害轻,表现在茎蔓细、短,茎部节间变短,颜色失绿变灰。叶片卷曲、变小、变薄,叶色淡绿、发黄,叶柄短。茎叶长势不旺,分枝变少,分枝短等。严重时,叶片变脆,玻璃化现象严重,叶片脱落,尽管不一定会死亡,但是将对产量造成极大损失。在这个时期,实际是甘薯对水分的敏感期。这段时间田间耗水量虽然是整个生长期中最低水平,但是在季风气候地区,这段时间是降水少的干旱季节。根系入土还不够深,土表缺乏叶片覆盖,蒸发量很大,土壤水分极易丧失。因此,在甘薯栽培措施中,如何保障这段时间土壤水分是重要的关键措施。

(二) 生长期高温干旱对甘薯茎叶生长的影响

生长期甘薯茎叶迅速生长,叶面积增大,加上气温高,蒸腾旺盛,是甘薯耗水最多的时期,此时发生高温干旱,茎叶生长减弱,达不到足够的光合面积,不能够充分利用光能。如果地上部茎叶生长受限,势必会加重甘薯病害(特别是甘薯茎线虫病)、虫害的发生程度,造成产量降低。此外,光照太强,也会导致叶绿素的破坏,或者导致气孔关闭,从而导致终止或减弱同化作用。

(三) 膨大期高温干旱对甘薯质量的影响

1. 高温的影响　膨大期如果温度仍然偏高,由于地上部有茎叶覆盖,在加强蒸腾作用的同时,能够提高光合产物的制造和积累。能够提高地温,能够促进薯块迅速膨大,提高了产量,但前提必须是不能有旱灾,甘薯田间土壤水分以保持最大持水量的60%左右为宜。否则,高温会加剧水分蒸腾,加速茎叶衰退,如果缺水,加上高温,灾害更加严重。

2. 干旱的影响　膨大期茎叶生长渐缓,而薯块迅速膨大,加之气温降低,耗水量较前减少。但是薯块迅速膨大,还必须有水分的保障。此时若发生干旱,可加速茎部、叶部生理功能早衰,既减少了光合产物的制造,又减弱了光合产物的运输通道,薯块膨大缓慢,植株早衰,产量降低。

二、甘薯对干旱适应性及抗旱能力田间表现

(一) 前期对干旱的适应性

甘薯田前期出现干旱,甘薯一般会通过自身调节来适应当时的气候条件,会减慢地上部分生长速度,加强根系的生长,并延迟薯块膨大。通过根系吸收能力的增强延长营养生长,推迟营养积累适应干旱,这也是植物自身特有的一种本能。

(二) 抗旱能力的田间表现

甘薯虽在适宜条件下高产、高耗水,但在水分供应有限的年份和地区,却又是一个远较小麦、玉米、棉花、大豆耐旱的作物。它的抗旱高产特性表现在:

1. 旱象解除易恢复生长　甘薯的产品是块根,生长在地下,受干旱影响只是停止生长,一旦旱象解除,很快又恢复生长。而以种子为产品的作物,在孕穗(蕾)、开花、结实过程中,对水分亏缺十分敏感,遇干旱则穗小、粒少,甚至不能够抽穗、结实。

2013 年河南省洛阳市遭受 50 年一遇的旱灾,干旱预警为红色,加上气温偏高,对秋季作物造成严重危害。据调查,甘薯大幅度减产,往年 2.25 万 ~3 万千克/公顷产量的地块,当年每公顷只有 7 500 多千克,且薯块小、食用中粗纤维偏多。与此相反的是,洛阳南部、北部各有两个点,在 8 月甘薯田严重干旱时,有水浇条件,灌溉了两次水,结果产量达到每公顷 3.75 万千克以上。

当年高水肥地玉米在多灌溉一水、基本不缺水的情况下,本来应该丰收,实际上最后产量却明显偏低。我们分析,甘薯、玉米两种作物在抗旱、耐热等特性上可能存在较大差异,虽然两者都遭遇了长期的高温干旱灾害,但是生育期短的玉米比生育期长的甘薯受害更重。

2. 根系发达　甘薯的吸收根系非常发达,生长迅速。栽插后 23 天,根系已达 43 厘米。到 53 ~121 天,多数根已深达 130 厘米,最长 170 厘米。沙壤土中,根系可达 240 厘米。吸收根的根毛很发达,约为大豆的 10 倍。因此,在土壤中吸水、吸肥能力都很强。

3. 体内胶体束缚水含量高　甘薯体内胶体束缚水含量较高,干旱时耐脱水性强。夏季炎热的中午,其他作物田水分不足、叶片卷曲萎蔫时,甘薯则较迟出现萎蔫。

4. 植株可产生适应旱生的形态结构　甘薯在供水不足时,植株可以产生适应旱生的形态结构。如细胞和叶片变小、叶子的输导组织变密、叶片变厚、气孔变小等。

5. 自动调节水分供应　甘薯在收获前的后期生长过程中,块根含水量一般在 70% ~80%,如遇秋旱,在一定时间内,对水分能够起到自动调节作用,使生长不因供水不足而停止。

三、甘薯抗旱防救技术措施

由于高温干旱常常给甘薯生产造成不同程度的伤害和损失,因此,在容易发生高温干旱灾害的地区,就要考虑人工防治和减轻危害的问题。防治高温干旱危害,关键是减轻旱灾的发生程度,防治高温危害与抗旱相结合,才能够起到较好的效果。

(一) 节水抗旱技术

1. 节水灌溉技术　甘薯一般在丘陵旱地栽培,没有灌溉条件。但是随着农业综合开发,随着农业水利设施的建设和改善,水利条件明显改善,所以,节水灌溉技术对于缓解干旱,特别是高温干旱带来的危害作用非常明显。可以说,节水灌溉技术是保障甘薯高产栽培、超高产栽培的重要技术措施。

积极推广节水灌溉技术。一是改土渠为防渗渠输水灌溉,可节水 20% 左右。在习惯大水漫灌的地方,推广长畦改短畦,长沟改短沟,控制田间灌水量,提高灌水的有效利用率。二是将低压管道埋设地下或铺设地面将灌溉水直接输送到田间,以达到投资少、节水、省工、节地和节省能耗等优点。与土渠输水灌溉相比,管灌一般可省水 30% ~50%。三是喷灌技术是目前大田作物较理想的灌溉方式，与地面输水灌溉相比，喷灌一般能节水50%～60%。

2. *覆盖节水技术* 覆盖节水技术一般是指甘薯栽培过程中，通过覆盖地膜，达到抵御高温干旱危害、促进甘薯健康生长、高产的目的。当然，在甘薯行间通过覆盖麦糠等作物秸秆也能够达到节水抗旱的目的。

甘薯覆膜栽培技术，可以起到增加地温、保墒，提早栽培、提高产量和提高薯块淀粉含量等作用。覆盖黑色地膜，覆盖以前喷施专用除草剂，还可以起到防除杂草的功效。但是甘薯覆盖栽培必须起垄覆盖栽培，有小（窄）垄单行覆盖、大（宽）垄双行覆盖等种植方式。两者各有特点，在面积比较大，地势平坦、机械覆盖地膜的情况下，可以采用大（宽）垄种植双行甘薯的覆盖模式。面积小，可以采用小（窄）垄种植单行甘薯的覆盖方式。

甘薯覆膜栽培生产过程中应该注意：在甘薯栽植过程中，尽量减少对地膜的损坏，以便更好地发挥地膜的功能；时间上宜早不宜迟，在春薯区，盖膜栽培的甘薯，可较不盖膜的时间提前7～15天，具体应根据当年当地的气候条件定；有墒再盖地膜，无底墒时，造墒再盖地膜；盖膜后在两行之间或低洼处，将地膜挖几个孔，用土覆盖，以便下雨时雨水进入地膜下的土壤；盖膜前应该喷施除草剂，以达到防治杂草的目的；甘薯收获后，及时将地膜清除干净，以减少地膜残留对土壤及环境的污染。

3. *水肥耦合技术* 水肥耦合技术是提高水肥利用效率的一项农业综合新技术。实行"以肥调水"，有力证明合理施用肥料是旱农增产的主要技术措施。"以无机促有机、无机有机相结合"是培肥农田，提高水肥利用效率，夺取高产的重要突破口。国内外的生产实践及科学研究表明，单纯的有机农业物质循环慢，产出少；单纯的无机农业，生产成本高，环境污染严重。因此，增加化学肥料的施用数量，强化植物生产，使其转化更多的太阳能，可较大幅度提高作物产量，积累更多的有机物质，为提高系统生产力，培肥土壤提供可靠的物质基础。

4. *保水剂的应用* 保水剂是对农用高吸水性树脂的统称。保水剂是一类功能性高分子聚合物，含有大量亲水性基团，利用渗透压和基团亲和力可吸收自身重量成百倍的水分。1969年美国农业部北方研究中心首先研制出保水剂，20世纪70年代中期将其用于玉米、大豆种子拌种、树苗移栽等方面，现在保水剂在农林方面已较大规模应用。

在农业方面，在土壤中混入0.1%～0.5%的保水剂，当土壤中水多时，它能吸收大量的水，当土壤缺水时，又能释放出水，供植物吸收，保持其有效适度稳定。甘薯可采用蘸根方法移栽，将保水剂按1%～2%的比例加水搅拌均匀，20分后将要移植的苗木蘸足保水剂后取出栽种。此方法可防止根部干燥，提高幼苗抗逆性，延长植物萎蔫期，提高成活率。

需要指出的是，保水剂不是造水剂，其本身不能制造水分，对植物起的是间接调节作用，只有具备一定的土壤水分条件，在降水、灌溉等适当配合下，保水剂才能发挥其吸水、保水的作用。另外，现阶段，在保水剂生产、销售方面，我国还没有切实可行的国家标准。各厂家生产的产品，其含量、构成等方面都存在一定的差异，在施用方法上也不尽相同。此外，不同的地理位置、气候、土地条件都会影响使用效果。

（二）化学抗旱

尽管在农业生产上还没有大面积应用，但是利用化学药剂可以增强植物的抗旱能力。已经研究过的与抗旱有关的物质可以分为抗蒸腾剂、代谢抑制剂、化学助长剂或生长促进剂、蓄水保墒剂等。其中，生长促进物质如萘乙酸钠、2,4－D、腐殖酸等有刺激植物生长的作用，增强了植物的抗旱能力。生长抑制剂如ABA、CCC等能够促进植物气孔关闭、抑制植物生长、诱导休眠、减少蒸腾等作用，提高了植物的抗旱适应性。有实验表明，黄腐酸（抗旱剂1号）具有一定的抗旱保水性能。

（三）农艺栽培抗旱技术

1. 改土抗旱　传统的农业耕作措施中，有许多具有抗旱保墒功能，应该大力提倡节水抗旱栽培技术。

一是深耕蓄墒。深耕深松，以土蓄水。深耕深松，打破犁底层，加厚活土层，增加透水性，加大土壤蓄水量。减少地面径流，更多地储蓄和利用自然降水。二是耙耱地保墒。耕地后土壤表面起伏不平，土壤松碎不均，坷垃满地，暴露面积大，空隙大，空气对流加剧，土壤跑墒严重。耙耱之后，使表土细碎平整，在地面形成一个疏松的细土覆盖层，以切断毛细管，减少土壤蒸发，达到保墒的目的。三是镇压提墒。四是培肥土壤，提高蓄水保墒抗旱的能力。增施有机肥，平衡施肥。大力推行秸秆还田技术，增加土壤有机质，提高土壤的抗旱能力。

在生产操作过程中，春薯地区在大秋地腾茬后，要及时将腐熟的有机肥掩底，进行深翻耕。翻耕后，进行冬季冻垡，可以杀死大部分的虫卵、部分病菌，可以有效地改善土壤团粒结构，使土壤变得更加疏松透气，更有利于甘薯生长。此外，可以在冬季接纳更多的天上水（雨、雪）。早春趁墒将磷肥撒施，进行耙耱地，起垄之后，用十齿耙将垄顶进行来回平耥，以便保住地上墒。此外，甘薯栽种环节，封土之后有一个"挤实"动作，有的地方群众，当天下午栽种，第二天早上吃早饭前，要到地里在栽过的薯苗旁边（或上面），轻轻地踩一踩。这两个细小的动作，实际上就是起到了镇压提墒的作用，对于抵御春季大风的危害，提高成活率，效果很好。

2. 地面覆盖抗旱　甘薯薄膜覆盖栽培可起到增温保墒、抗御春旱、增产等作用。此外，将作物秸秆粉碎，均匀地铺盖在作物行间，可减少土壤水分蒸发、增加土壤蓄水量，也可起到保墒抗旱的作用。

3. 优化施肥抗旱　广大薯区土地瘠薄是一个普遍问题，土壤肥力不足，不仅影响到对作物的供肥能力，而且在很大程度上限制了土壤水分的利用效率。以肥补水，增施肥料，可降低生产单位产量用水量，在旱作地上施足有机肥可降低用水量50%～60%。在有机肥不足的地方除了增施有机肥、秸秆还田、培肥土壤等措施之外，在施肥技术上，要做到心中有数。我国属于发展中国家，生产力水平尚不高，单位面积土地上施用的化肥与发达国家相比，不论是数量、质量，还是品种结构上都有较大的差距。只有提高化肥的利用效率，才能获得更好的产量。甘薯田的施肥强调以下几点：

（1）施用化肥时，只有机肥、无机肥相结合，不出现偏差，才能给甘薯提供更加全面均衡的养分　要在传统施用氮肥的基础上，增施磷肥和钾肥。甘薯的正常生长发育，需要氮、磷、钾等多种营养元素协调供应，氮肥与其他肥料配合施用，可提高氮肥的利用率，促进甘薯地上、地下部分的迅速生长，促进甘薯高产、稳产。

(2)施肥技巧上，要按照"集中施肥"的原则，发挥有限肥料的最大效益　一般"能穴施，就不条施；能条施，就不撒施"。撒施后肥料是个"面"，条施后肥料成条"线"，穴施后肥料是许多"点"。自然穴施后，每株甘薯分配的肥料最多。

当然，不同的肥料品种施肥方法也不尽相同。氮肥、钾肥严格按照集中施肥的原则，磷肥必须进行撒施，以便肥料与土壤最充分接触，因为磷肥除了提供肥力之外，还有改善土壤结构的功效。

(3)根据土壤、气候、耕作等综合条件合理确定氮肥的使用时期　施肥以掩底为主，追肥为辅，追肥必须有墒才能发挥最大肥料利用率。追施氮肥应该深施覆土，以提高肥效。在后期叶片容易衰败，进行叶面施肥，可以延长叶片的功能期，可以抵抗高温干旱灾害，叶面追肥以钾肥为主，搭配氮肥、微肥，严格按照要求的浓度，间隔1周，施肥3~4次效果会更好。

4.选用抗旱良种、适期早播　甘薯的不同品种间抗旱性也有较大差异，抗旱品种较一般品种根系发达具有深而广的贮水性和调水网络，具有受旱后较强的水分补偿能力。抗旱品种的选择请参考本书第一章相关内容。

适期早播不失为一种抗旱保苗的有效措施。早栽，气温低，蒸发量小，容易成活，只要成活了，苗子的抗旱力就有了，并且随着生长而不断增强。但是在春薯区，不可一味贪早，如果栽期太早，气温低，地温更低，薯苗栽上后不生根，时间长或根部腐烂，或形成小僵苗，即使生根后发棵也非常慢，形成柴根，影响产量。所以，要保证适期早播，一定要等到气温上来后再栽种，否则宁愿迟栽两天，也不早栽。

5.减轻病虫害危害　甘薯病毒病等病害发生之后，植株生长病态严重，抵御干旱能力很差，对产量的影响十分明显。必须重视对病虫害的防治。

减轻病虫害对甘薯植株的危害，增强植株对于干旱灾害的抵抗能力，促使植株健康生长。要把握好两个关键时期：苗期和中后期。苗期，特别是栽种后当天晚上及以后几天中，甘薯地下害虫危害十分严重，必须进行预防及防治，以保障成活率。中后期，甘薯地上部分茎蔓生长减退，气温高，食叶类害虫危害逐渐严重，只有防治害虫，保护叶片功能，才能抵御干旱灾害。

6.敏感期补水　苗期栽种时，农户都有浇窝水的习惯，苗期就是关键时期。其他高温干旱危害严重时，也应该继续补水。在生产过程中进行补水时，一定要注意几点：

(1)尽量不大水漫灌　应该小水浇灌，如果能够喷灌、滴灌、渗灌最好。甘薯薯块生长在地下，需要土质疏松透气，需要一定的水分、养分、氧气，如果大水漫灌，会使土壤黏重板结，造成缺氧，影响薯块膨大。前期灌溉后要及时进行中耕除草，减轻养分、水分消耗，起到保墒作用。

(2)收获前15~20天不能灌水　收获后期灌水，会影响薯块的耐贮性及品质。由于后期气温低，蒸发量小，灌溉后，再遇秋涝，易使薯块受水渍，不仅薯块不耐贮藏，还容易出现硬心，或者缺氧腐烂。

(3)在前期、中期出现高温干旱灾害，需要灌水时，应该结合使用少量肥料，以促使甘薯健康生长，增强抵御高温干旱的能力　前期每公顷使用尿素75～150千克，中期每公顷使用三元素复合肥150～225千克。

第二节 洪涝渍害对甘薯的影响及防救策略

洪涝渍害是我国甘薯生产中的主要自然灾害，会对甘薯生产造成很大影响。一方面，洪水会造成撕破叶片、折断茎蔓之类的机械损伤；另一方面，因水分过多造成对甘薯生理功能的破坏；再者，洪涝渍害前后多阴雨连绵天气，导致甘薯光照不足、光合作用弱，从而影响甘薯的生长发育。

一、洪涝渍害的概念和类型

（一）洪涝渍害的概念

洪涝渍害是由于水分过多造成的农业气象灾害。洪涝渍害包括洪水、涝害和渍害3个方面。严格说来，洪水、涝害和渍害并不是一回事。洪水是由于大雨、暴雨引起山洪暴发、河水泛滥，从而淹没农田园林、毁坏农舍和农业设施造成的灾害。涝害是由于雨量过大或过于集中，造成农田积水，从而使旱地庄稼受淹致害，发生涝灾时，一般田间积水不深，不会淹没作物，所以水田不受影响或影响不大。渍害又叫湿害、沥涝，通常是由于连阴雨时间过长，雨水过多，或者洪水、涝害之后，农田排水不良，虽然无明显积水，但土壤长期处于饱和状态，作物根系因缺氧而发生的灾害。

洪涝渍害多发生在地势低洼、排水不畅的旱地及分洪地区，在降水比较集中的季节，特别是汛期，更容易发生。洪涝渍害一般范围没有干旱面积大，一旦发生多是暴发性的，危害也特别严重。人们通常所说的“涝是一条线，旱是一大片”，就生动地表述了旱涝灾害的重要特征。洪涝渍害通常是相伴发生的，是我国主要农业灾害之一，我国是洪水灾害频繁发生的国家。

（二）洪涝渍害的类型

我国的洪涝渍害，根据发生的季节，可分为春涝、春夏涝、夏涝、夏秋涝和秋涝等几种类型。春涝及春夏涝主要由春季连阴雨形成，其特点是降水强度小、持续时间长，主要发生在华南及长江中下游，对越冬作物及春播影响较大，春夏连涝使危害加重。夏涝在黄淮海平原、长江中下游、东南沿海、四川盆地和东北西部的发生频率最高，其特点是降水强度大，多大雨、暴雨,淹没农田,冲毁作物,有时还诱发病虫害大量发生,以致影响夏种和秋种作物生产,是我国农业生产过程中的主要涝害。夏秋涝及秋涝在西南地区发生概率最高,其次是华南沿海一带及长江中下游地区,再就是江淮地区。有两种情况,一种是由秋季连阴雨造成的,和春涝有些相似;另一种是由台风入侵带来的大雨、暴雨所造成。其特点是降水强度虽然比较大,但持续的时间不像夏涝那样长。夏秋涝和秋涝对秋收作物产量影响很大,还对秋种不利。

二、洪涝渍害的分布及成因

(一)洪涝渍害的分布

我国的洪涝渍害主要发生在长江、黄河、淮河和海河等4条江河的中下游地区,黄淮海地区夏涝最多,7~8月雨涝范围大,次数多,为全年雨涝最多时期,其次为秋涝和夏末秋初连涝。河南地跨长江、淮河、黄河、海河4大流域,是我国历史上洪涝渍害最频繁的地区之一。长江中下游地区夏涝最多(6月是梅雨的主要时期,降水量多,受涝次数也是全年最多的1个月,大部分地区受涝次数占全年的25%~35%),春涝次之,春末初夏涝再居次,夏末秋初涝最少。华南地区由于雨季来得早,雨季长,夏秋又易遭受台风袭击,因而是全国受涝次数最多、涝期最长的地区,主要集中在5~7月,这3个月雨涝占全年70%~80%。夏涝最多,春涝和春末初夏连涝次之,秋涝第三,夏末秋初连涝最少。东北地区雨涝集中在夏季,特别是7~8月。西南地区洪涝渍害出现的迟早和集中期不完全一样:贵州洪涝渍害出现在4~8月;四川、云南主要集中于夏季;西北地区无大范围洪涝渍害。

(二)洪涝渍害的成因

降水时间过长和过于集中是形成洪涝渍害的主要原因。连阴雨的形成主要是冷暖空气的锋面长期停滞在一个地区;台风和夏季的气旋活动等也常带来大暴雨。洪涝渍害大多与大气环流的异常有关。我国大部分地区为季风性气候,冬季风盛行,干冷少雨;夏季风则炎热、潮湿,当它向北推进与北方冷空气相遇,便在锋面附近形成雨带。通常华南地区雨季在4~5月,江南在5月下旬至6月上旬,江淮地区在6月中旬至7月中旬,华北地区主要在7月中旬以后,雨季在一个地方长期徘徊易形成洪涝渍害。

三、洪涝渍害的影响因素及防治措施

(一)洪涝渍害的影响因素

除形成洪涝渍害的气候背景外,地形、土壤类型、土壤结构、地下水位和人类活动等对洪涝渍害也有重要影响。

1.地形　洪涝渍害与地形有密切的关系。在山脉的迎风坡,由于气流受地形的抬升作用,大雨、暴雨较多,强度较大,是洪涝渍害的多发区。如秦岭南侧、南岭迎风坡等都位于山脉的迎风一侧。在山地与平原的交界处,也是洪涝渍害多发区。例如,海河流域的西北面是高原和山地,东南面是广阔的平原,发源于西北山地的河流在山区坡陡时流速大,带沙量很大,进入平原后,坡度突降,流速骤然变小,泥沙大量沉积,河床被抬高,一遇暴雨,山洪暴发,常发生洪涝渍害。在大江大河的交汇区,也容易发生洪涝渍害。山前低平的凹地,是洪涝渍害易发区。例如,北京市昌平南部平原是个小凹地,其北是山地和山前洪积扇,雨季降水大量汇集平原,而南部又是相对较高的平地,水不易流出,所以雨季常发生洪涝渍害。

汇水面积大而出口小的河流也容易发生洪涝渍害。海河由 5 条河流汇集而成,汇水面积很大,大雨后水从各条河流流入海河,若河口的排水量小于汇水量,就会发生决堤。山区小平坝发生洪涝渍害多是由于河流汇水面积大、水的出口小而引起的。有的山区还有像盲肠一样的河,俗称"盲河",河水流到一个地方,地表河床消失,由溶洞排水,遇大雨时也容易致灾。

2. 土壤类型和结构　洪涝渍害常发生地区多数为黏土或黏壤土,土质黏重,透水性能差,保水力强,土壤中的水分难以排出,或形成过高的地下水位与浅层滞水,不利于农作物的生长。在水旱轮作地块,稻田浸水时间长,季节紧,土壤难以干耕晒垡,稻草还田少,土壤耕层变深,结构变坏,田块有发僵趋势。在这种情况下,土壤滞水力过强,犁底层土壤过于紧实,通透性很差。在土壤水分达到田间最大持水量时,犁底层几乎不存在通气孔隙。严重时,犁底层水分饱和,土色发青,阻碍作物根系下扎,根系发育不良,植株发僵。雨后浅层滞水,形成渍害。东北地区冻土层在上层土壤解冻后,土层基部未能解冻,亦会形成浅层滞水。

3. 地下水位　如果地下水埋深甚浅,甚至抵达地表而较长期难以消退,则形成渍害。在水网圩区、滨湖滨河地区,地下水位高,土壤透水性差,1 次较大的降水后,地下水位很快上升到接近地面,但要降到 1 米以下,则需 1 个月左右。因此,在雨水较多时,地下水位经常在 50 厘米左右,甚至更浅,形成过湿的土壤环境而导致渍害。

4. 人类活动　受人类自身活动的影响,洪涝渍害的发生有越来越频繁的趋势。据测算,10 万米^2 森林所含的蓄水量相当于一座库容为 200 万米^3 的水库。然而近些年来,由于种种原因,我国先后几次形成砍伐森林的高峰。森林面积锐减,降低了滞洪力,使洪峰来势凶猛,峰高流急,增大了防洪抗洪的难度。毁林开荒又加重了水土流失,抬高河床,水库淤积,降低了调洪防洪能力。

湖泊对削减洪峰起着重要作用,但由于近几十年来水土流失严重,泥沙淤积于湖泊,从而兴起大规模的围湖造田,使湖泊面积大量减少,又降低了湖泊的调洪能力,加重了洪涝渍害。

(二) 洪涝渍害的防治措施

洪涝渍害是气象灾害与人为灾害的结合。暴雨是气象灾害,有其发生发展的内在规律。而人类的社会经济活动,一方面向大自然索取各种资源,另一方面又不保护大自然,破坏了生态平衡,给人类自身带来深重的灾难。

减轻洪涝渍害的损失是一项系统工程,可以从三个方面来说明:第一,洪涝渍害同其他自然灾害一样,本身便可以构成系统,且与其他自然灾害又有联系,只有以系统科学的思想为指导，组织各方面的专家，用大交叉、大综合的方法进行系统研究，才能真正掌握其发生发展规律。第二，减灾需要全社会协调行动，只有专家系统、政府指令系统和社会响应系统的有机配合才能取得最大的减灾效益。第三，减灾的各项措施，包括测、报、防、抗、救、援等工作，彼此都是相互关联，相互衔接，应作为一个系统统一考虑。

1. 修筑水库、堤防，治理河道　治理江河控制洪水是一项艰巨、复杂的任务。随着国民经济的发展繁荣，洪涝渍害的损失将越来越严重，江河防洪要求将越来越迫切，必须继续提高江河的防洪能力，加强现有防洪工程的管理，并重点兴建具有较大防洪效益的水利枢纽工程。

在各江河上游，要逐步兴修一批对洪水具有控制作用的，并能综合利用的大型骨干水库。在丘陵地区的中小河流上，也应建造中小型水库。在临近城镇和工农业基地的河段，应有计划地建立坚固的堤防，对原有不符合标准的堤防应逐步予以改造加固。目前，有些城镇虽有一些堤防，但都是断续的，不完整的，质量也较差，安全泄洪能力低，一遇洪水就淹没过半或全城淹没，造成严重损失。因此，必须把重要江河堤防纳入基本建设工程，经过勘察、规划、设计，逐步进行修建。要积极整治主要江河中下游排洪河道，提高安全泄洪能力。目前，在江河沿岸，违背自然规律的各种情况随处可见。例如，在河滩上建筑房屋，围河造田，倾倒废渣、废土、垃圾，堵塞河道，造成行洪困难。因此，必须采取有力措施，不准任意侵占江河的行洪河床，对易于淤积的河床，应有计划地进行疏导，把堤防与疏导结合起来，以达事半功倍之效。

2. 大力开展植树造林和水土保护工作　森林植被对于防御洪涝渍害有良好作用，应继续大力开展植树造林工作。近几十年来，森林大量被砍伐，使暴雨后蓄水于山的能力降低，加剧了洪峰来势，增加了灾害频率，同时也加重了水土流失，使水库淤积，库容减少，并提高下游河道，降低防洪与调洪能力，成为加剧洪涝渍害的因素。

良好的森林植被，具有高度蓄水、保水和降低径流流速的功能，能调节气候，改善生态环境。森林涵养水分的能力为裸地的7倍，因此，人们常将森林誉为"绿色水库"。农谚云："山上栽满树，胜似修水库。"这对森林涵养水分的作用给予了高度评价。一条河流从发源处到最下游，整个流域包括流域内的所有因素，是一个完整的生态系统。洪水的发生范围和灾情与各种因素有不同程度的关系。因此，林业建设要与水利工程相辅相成，而不要把两者对立起来。森林不仅对水源地区有良好的水土保持功能，有利于水利工程的保护，而且在中下游也能发挥拦沙护堤的作用。

3. 调整农业结构　因地制宜，趋利避害，科学安排农业生产，是防御洪涝渍害的战略性措施。在涝灾常发区，应调整种植业与养殖业、旱作与水生作物的比例，以减轻涝灾。湖区逐步退耕还湖，改营水产业，既可以恢复湖泊的蓄洪能力，减轻涝灾，又可增加经济收入。

在一些江河下游的低洼地，涝渍灾害相当频繁，经治理仍不能排水晒田的，改稻作为种菱藕，可以减轻灾害，提高经济效益。在涝灾多发区，要选用抗涝的作物品种，如种稻宜采用浮水稻生态型品种。调整播、栽期，使最怕涝的生育期躲过涝灾的多发期。如玉米苗期最怕涝，华北平原从6月下旬开始，自南向北先后进入雨季，涝灾频率迅速增大，夏玉米苗期受涝的危险性大,应改为麦垄套种,提早到5月下旬播种,遇涝灾时苗已长大,抗涝能力大大增强。玉米、棉花、花生、大豆等旱作物起垄栽培有很好的抗涝作用。

东北地区一般先起垄,在垄背上播种。涝灾轻的地方垄小一些,涝灾严重的三江平原垄台比别的地方高。华北地区往往先平播,植株长大后逐渐培土,雨季前形成垄台和垄沟。雨水多时垄沟是排水沟,垄背既不淹水,又能散墒,为根系创造比较好的通气条件。在常涝的地区,玉米垄作比平作可增产10% ~20%。

在沿江河两岸的易淹地上,因地制宜地调整作物布局,是避灾夺丰收的重要途径。重庆市在沿江两岸的易淹地上,总结出一套避灾措施。在常年洪水位上下5米为界的长江两岸,因坡度大,遇到暴雨、洪水,水土流失严重,通过种植桑树、柳树、水竹等速生性林木,建立护岸林带,防风固沙,保持水土。在常年洪水位以上的一级阶地上,建造基本农田,发展粮食经济作物。如种植耐淹作物甘蔗,通过玉米育苗移栽,实行小麦—玉米—苕子—蔬菜间套作等。在30年以上一遇的二级台地上建立粮食基地,发展以稻、麦为主的粮食作物,但杂交中稻必须选用再生力很强的组合,一旦受到洪水淹没,可在水退后蓄留再生稻,以弥补洪灾损失。

4. 加强情报预报,改善通信设施　过去在暴雨和洪涝的预报方面,气象及水文部门曾发挥了积极作用,成为领导部门不可缺少的耳目。即使蓄泄工程较为完善,它仍然是调度洪水、兴利除害不可缺少的重要部门。为此,必须引用先进的信息传输和数据处理技术,以提高预报精度和预见期的长度,增强抗洪工作的主动性。

5. 治理洪涝渍害措施

(1)修建田间排水沟　在容易发生洪涝渍害的地区,雨季前应修好田间排水沟,以防止作物因长期渍水而受害。要在易渍田内修成一个完整的排水体系,由畦或垄沟间纵横相通的排水沟组成,做到沟沟相通,一级比一级深,雨水过多时,田间积水能顺利排出,能有效地防止洪涝渍害发生。在长江流域洪涝渍害常发区,高标准地修好"一套沟",是防止湿害的有效措施。

(2)改良土壤结构　改良土壤结构,增强土壤通透性,减弱土壤渍水力,是减轻洪涝渍害的有效措施。实行深耕,加深耕作层,打破犁底层,有利于加强土壤透水性,减轻滞水现象,从而降低土壤湿度。有机肥能疏松土壤,改良土壤性质,从而减轻渍害。

(3)实行防涝栽培　在易涝地区应实行防涝栽培,以减轻涝害。例如深沟、高畦耕作,可迅速排除畦面积水,降低地下水位,雨涝发生时,能及时流走多余的水分。我国东北地区,实行起垄栽培,特别是三江平原,垄台比别的地方高。我国南方,一些地方水田实行半旱式耕作法,在水田做垄做厢,栽种稻麦,比平田种植可获大幅度增产,并能抗旱抗涝,减轻自然灾害影响。在涝害发生前,已成熟的作物应及时抢收。涝害发生后,应及时清洗植株,扶正植株,让其正常进行各种生理活动,尽快恢复生长,并及时中耕、施肥、喷药、加强田间管理。

四、洪涝渍害对甘薯的影响及防救措施

（一）洪涝渍害对甘薯的影响

甘薯较耐旱怕涝，蒸腾系数稍低于一般旱地作物，田间耗水量的绝对值比一般旱地作物高，一般600～800毫米，生长适宜的土壤水分一般为最大持水量的60%～80%，耗水高峰出现在薯蔓并长期。甘薯的整个生长阶段都需要一定的水分，只在适宜的土壤含水量中，甘薯才能正常生长。在栽插后的40天，甘薯生长的土壤持水量是60%～70%；在茎蔓和薯块并长期内，即栽后40～70天，适宜的土壤持水量为70%～80%；在栽后的70～150天为薯块的膨大期，直至收获，这时适宜土壤持水量应在70%左右。土壤含水量若超过以上指标，成为渍涝水害，过多的水分如果来自地下水则为渍害；如果来自地表水而造成地面积水，则为涝害。一般涝害造成甘薯的产量损失比渍害更大，薯块膨大期所受的涝害又比其苗期和中期受的涝害损失大。

甘薯很不耐涝，由于植株浸泡在水中，根系的矿质元素或者中间重要的代谢产物被淋溶丢失，田间积水使薯块腐烂，短时积水的虽未腐烂，蒸煮时也会出现硬心，品质较差，生活力也下降，不耐贮藏。由于气体缺乏，产生一些气体胁迫危害。如氧气缺乏，既降低植株的地上部分生长，又降低植株根系的生长。在缺氧情况下，有氧呼吸受到抑制，而无氧呼吸则加强，产生乳酸、乙醇等有害成分，加速了植株受害程度。一般平地栽插的甘薯比垄作的甘薯受害严重，因此，甘薯一般应起垄栽培，受涝后要尽快排除积水。

甘薯生长期间所积累的营养物质，绝大多数是叶子通过光合作用而得来的。甘薯是喜光不耐阴的作物，光照充足与否直接影响光合作用的强度。洪涝渍害前后多阴雨连绵，导致光照不足，光合作用弱，从而影响甘薯的生长。光照不足时，育成薯苗细弱，节间长，栽后不易成活，只发细根，不发块根，在大田生长中，茎蔓细长，还可因缺铁致使叶绿素合成受阻而造成缺铁性黄叶病，叶片发黄易脱落。据研究表明，晴天暴露在阳光下的甘薯叶片比遮光部分叶片光合强度大6.7倍，在遮光情况下，甘薯受光达自然光的50%时，相同单位面积制成的干物质总重，只有自然光照的70%。

（二）甘薯洪涝渍害的防救措施

洪涝渍害对甘薯生产的破坏性比较大，轻则减产，重则绝收。在发生洪涝渍害的情况下，植物出于本能反应，将减少根系对水分的吸收，接着降低植株的蒸腾，最后出现叶片萎蔫，根系腐烂。因此，甘薯洪涝渍害发生前后，必须采取相应的措施进行预防和补救。

1. 选用耐湿甘薯优良品种　选用耐湿品种可以有效减小洪涝渍害对甘薯的危害，耐湿品种有徐薯18、皖苏31、徐薯22、豫薯12号、郑红5号、龙薯9号、苏薯1号等。

2. 甘薯田排水　在容易发生洪涝渍害的甘薯产区，尽早抓好甘薯田水利工程的建设和保持，兴修或加固水库坝堤，提高拦蓄洪水的能力。做好农田周围土地的植树种草，涵固水土，提前修好田间排水沟，做到排水流畅。对甘薯实行起垄栽培，利于雨水及时排出，以降低田间土壤含水量。甘薯田有一个完整、畅通的排水体系，可以起到很好的排水、降湿，防

止洪涝渍害的作用。

对受涝的甘薯田及时排水，一些涝害重的田块不要一次把水排干，使受涝作物逐渐适应和恢复新环境，否则在烈日暴晒下蒸腾失水很快，容易使植物缺水枯萎，加剧作物受害。

3. 洗苗扶苗　水退后，洪水中的漂浮物，常在地势低洼处残留，如不及时清除，易导致甘薯病虫害的蔓延，甚至诱发人、畜传染病。因此，必须尽快将其集中起来焚烧或填埋。当涝灾发生时，浑浊水层中的泥沙沉积在甘薯茎叶表面，妨碍叶片进行光合作用。因此，在水退时要利用退水洗苗并且把被冲歪的薯苗扶正，使其正常生长。

4. 中耕　受涝后的薯田，杂草生长快，土壤容易板结，透气性差，土壤容易缺氧，从而影响甘薯生长。苗期缺氧根系生长不旺，枝叶不发，结薯个数减少；中期缺氧，茎叶徒长，只长小薯不结大薯；后期缺氧，薯块进行无氧呼吸而致酒精中毒，薯块腐烂。当能下田工作时，应及时中耕松土，改善土壤的通气状况，除去杂草，减少与甘薯的养分、光照等资源的争夺，促使甘薯恢复生长。中耕是一项古老传统的耕作措施，“锄头上有水”“锄头上有火”就是老百姓对中耕这项农艺措施的高度评价。

中耕时尽量将土壤混匀、土块捣碎。薯苗周围 6 厘米范围内浅锄，垄坡可深锄，中耕可以锄深到 7 ~ 10 厘米。这样既可以保护薯茎最上层结大薯的根系，又促进吸收根的良好通气性。中耕后及时培土，有利于保持垄高，增加透气性，提高垄身土温，增加昼夜温差，利于长蔓结薯。

5. 控制徒长　甘薯田在遭遇洪涝渍害后，地上部茎叶有时会发生徒长现象，茎叶徒长会大量消耗养分，严重影响块根膨大。甘薯地上部旺长判断标准为叶色浓绿、顺着垄沟的方向放眼望去基本上看不清垄顶与垄沟的区别，叶柄长度比正常生长条件下长 1/3 ~ 1/2。如果发现地上部茎叶有旺长势头，就应该采取相应措施加以控制。

控制甘薯地上部旺长可采用化控的方法，控上促下，提高薯块产量。一般可喷 15% 多效唑可湿性粉剂 1 000 倍液，或用 25 毫升维它灵 4 号 1 支对水 50 千克等进行叶面喷洒，一般化控 2 ~ 3 次效果最好。适宜喷施时间为晴天下午 5 点左右。提蔓或摘尖也有一定的控制效果。

6. 追肥　追肥是提高植物抗涝性的有效途径之一，可结合中耕进行。栽插后至 90 天，薯块有鸡蛋大小时，此时如果受涝，被淹过的薯苗，根系严重缺氧，根部形成层木质化严重，吸收和运输功能衰退或丧失，尤其丧失对钾肥的吸收功能。因此，通过适当增施速效肥料，一方面改善薯苗根系良好的通气环境，促进新根再生，恢复植株的正常吸收及运输功能，改善钾素代谢机制，调节植株生长；另一方面补充土壤因淋溶而造成某些矿物质元素的缺失，促使甘薯尽早恢复生长。

7. 防治病虫害　甘薯受淹时器官受到损伤，抵抗力弱，高湿的环境容易受到甘薯根腐病、甘薯黑斑病等多种病虫害侵袭，且往往有加重趋势。因而，要做好病虫害测报，及时进行防治，减轻病虫害对甘薯植株的危害，促使植株健康生长，能够增强植株对涝害的抵抗能力。

8. 晴天收获，及时贮藏　甘薯苗淹水 24 小时内，受损害较小；淹水超过 72 小时，受损害较大。受淹后的薯块内木质化较高，如作鲜薯贮藏，呼吸旺盛，生命力弱，容易在贮藏中腐烂，一般腐烂率达48%左右。因此，受涝害的甘薯地，应在晴天及时收获，避免冻害、雨淋等加重薯块伤害，收获后在室内摊放，及时切片晒干贮藏，切记不能作鲜薯贮藏。

第三节 低温冷冻灾害对甘薯的影响及防救策略

低温冷冻灾害是严重的农业灾害之一，冷空气是低温冷冻灾害发生的主要原因。甘薯喜温怕冷，低温冷冻灾害会对甘薯的生长发育造成很大影响，研究低温冷冻灾害发生的特点和规律，并采取有效措施防御和应对低温冷冻灾害对甘薯生产可能造成或已造成的危害，具有重要的意义。

一、低温冷冻灾害的类型

低温冷冻灾害主要是因为来自极地的强冷空气及寒潮侵入造成的连续多日气温下降，使作物因环境温度过低而受到损伤以致减产的农业气象灾害。低温冷冻灾害主要包括低温连阴雨、低温冷害、霜冻和寒潮等。

（一）低温连阴雨

低温连阴雨是指连续多日阴雨并伴随气温下降的天气现象。此间降水量不大，但气温较低，这种天气有时接连出现，以致阴雨天气长达1个月之久。在春秋季节，北方的冷空气和南方的暖湿空气频繁交汇，常常造成低温连阴雨天气。

（二）低温冷害

低温冷害多是指农作物在生育期间，遭受低于其生长发育所需的环境温度，引起农作物生育期延迟，或使其生殖器官的生理机能受到损害，导致农业减产。

（三）霜冻

霜冻是在植物生长的时候突然遇到低温，植株体温降至0℃以下，体内水分结冰，生物膜遭到破坏而造成的危害。有较强冷空气侵袭，同时空气又比较湿润时，常在地面物体上看到白色的冰晶，称为“白霜”，北方夏秋季空气干燥，有时虽无白霜，但地面或作物表面温度仍可降至0℃以下形成伤害，农民称为“黑霜”。抗御霜冻是保证农业高产稳产的重要措施。

对于霜冻而言，一般发生在寒冷、晴朗（无云或云量很少）、无风或微风、空气湿度不大的夜晚，多是由于地表面及植物表面向外大量辐射热量，使得近地面空气冷却到0℃以下。霜冻与地面辐射冷却有关，而云量是影响辐射量多少的最主要因素之一，有云不利于霜冻的形成。风可以促使近地层与上层空气的混合,从而减小地面的冷却程度,因而大风不利于霜冻的产生。

(四)寒潮

寒潮是指高纬度地区的冷空气在特定天气形势下加强南下,造成大范围剧烈降温和大风、雨雪天气,这种来势凶猛的冷空气活动使降温幅度达到一定标准时,称为寒潮。我国气象部门规定:某一地区冷空气过境后,气温 24 小时内下降 8℃以上,且最低气温下降到 4℃以下;或 48 小时内气温下降 10℃以上,且最低气温下降到 4℃以下;或 72 小时内气温连续下降 12℃以上,并且最低气温在 4℃以下的天气。冷空气的堆积、加强、南移和暴发有一个过程,并有相应的天气形势配合。在强烈的辐射冷却作用下,北冰洋和西伯利亚地区会形成大规模的冷空气团,且由于冷堆中的空气做上升运动而产生绝热膨胀冷却,冷空气堆会不断增强。当冷空气堆达到一定强度时,就在有利的环流形势下暴发南下,发生寒潮。

二、低温冷冻灾害的发生与分布

(一)低温连阴雨

低温连阴雨常见于长江中下游地区,出现在每年的 3 ~ 4 月;广东和广西则在 1 ~ 3 月发生,往往对春播危害极大,造成早稻严重烂秧,其结果是减产或颗粒无收,甘薯有时候会在春季育苗和栽插、秋冬季生长或收获时受到低温连阴雨的影响。

(二)低温冷害

低温冷害在东北地区一般发生在 6 ~ 8 月,称为东北冷害或"哑巴害"。在长江流域则发生在 9 ~ 10 月,称秋季低温或寒露风,发生在春季则称为春寒或倒春寒。

1. 春季低温冷害　我国南方在早稻播种育秧时期(3 ~ 4 月),由于受低温影响造成烂种烂秧;南方的越冬薯、北方薯区育苗和春甘薯种植时,突遇低温会使地上部及整个秧苗受害,甚至死亡,称为春季低温冷害,俗称倒春寒。由于形成低温冷害的因素比较复杂,除了低温这一主要因素外,还与作物品种、育秧和管理技术等因素有密切关系,所以各地的低温冷害标准有所不同。各地每年都有程度不同的冷害,但严重灾害较少。我国中部地区春季低温冷害主要发生在 3 月中旬至 4 月上旬,正值甘薯育苗及春薯的种植,要做好防御春季低温冷害的准备。

2. 秋季低温冷害　秋季低温冷害是指甘薯生长后期,正值甘薯的膨大生长时期,受到低温天气的影响,造成影响甘薯的正常生长而减产。由于此种灾害在华南地区多发生在寒露节气前后,故称寒露风,我国云贵川地区称为"八月寒"或"秋寒"。一般把日平均气温≤20℃,且持续 3 天或以上,作为秋季低温冷害的指标。由于作物品种和地域的差异,各地采用的低温指标有所不同。这种低温指标是危害作物抽穗开花时期和甘薯膨大生长的关键时期的临界温度值。一般温度越低,且维持的时间越长,造成的损失越重。

秋季低温冷害主要发生在 9 月下旬至 10 月上旬,发生期自长江流域向南逐渐推迟。云贵高原的秋季低温冷害,一般发生在 8 ~ 9 月。一般秋季低温冷害的发生概率比春季冷害低,但危害大,造成的损失严重。据统计,长江中下游地区严重秋季低温冷害,平均4~5年一遇;华南不同程度的寒露风害,约4年一遇;云贵川地区由于地势高、地形复杂,几乎每年都有不同程度的"八月寒"害,但大范围的严重秋季低温冷害发生概率较小,6~8年一遇,且多发生在云贵高原地区。

3. 东北夏季低温冷害　东北地区是我国最北的农业区,冬季漫长,无霜期短,仅100~200天,≥10℃的积温在1 300~3 700℃,这种热量一般基本上能满足当地粮食作物的生长需求。但是,夏季平均气温明显偏低,往往使作物生育期延迟。延迟的时间(天数)与平均温度成反比,即平均温度越低,作物生育期延迟的时间越长。所以,当未成熟的作物遇到早霜冻就会造成大幅度的减产。

(三) 霜冻

霜冻出现日数分布的基本特征是由北往南逐渐减少。青藏高原、东北及新疆东北部、内蒙古出现霜冻日数最多,全年180天以上。霜冻根据不同的分类方法可分成不同的类型。

1. 根据成因可分为平流霜冻、辐射霜冻、平流辐射霜冻和蒸发霜冻

(1) 平流霜冻　大规模的冷空气由北方侵入,所经之处很快降温,致使农作物遭受危害。对平流霜冻来说,地理条件的影响较小,其强弱和影响范围与冷空气的强弱和影响范围有关。一般来说,平流霜冻范围较大,持续时间较长,危害也较严重。平流霜冻刚开始发生时冷空气强度大,而后随着空气中心的南移和削弱,气温逐渐回升,霜冻的强度也随之减弱。这种霜冻常出现在早春或晚秋,在我国南方地区的冬季也会出现。

(2) 辐射霜冻　辐射霜冻是指在晴朗无风的夜晚,地面和物面向外的热辐射致使地面气温降到0℃以下而发生的霜冻。这种霜冻也多在早春或晚秋出现。由于辐射霜冻的形成与土壤、地面以及植物的夜间辐射冷却有密切关系,所以凡与辐射冷却有关的因子都对它有影响,其小气候差异也较大。辐射霜冻的强度一般较弱,故对农作物的危害也不大。

(3) 平流辐射霜冻(混合霜冻)　平流辐射霜冻是由以上两种因素的混合作用造成的,冷空气侵入,引起气温急剧下降,但这时也还不足以引起霜冻,而到了夜间由于辐射冷却作用,继续降温而发生霜冻,就称为平流辐射霜冻。这种霜冻经常出现在早秋和晚春,是形成初霜冻和终霜冻的主要原因,对农作物的危害极大。在我国北方出现的霜冻,一般都是这种霜冻。

(4) 蒸发霜冻　蒸发霜冻指在干旱地区降水之后,空气变干或者植被上的水分迅速蒸发,使作物植株冷却,温度降低到生物受害温度以下而使作物受害的霜冻。

2. 从发生季节来看可分为春季霜冻、秋季霜冻和冬季霜冻

(1) 春季霜冻　在春季作物生长初期,越冬作物开始返青,喜温作物已经播种出苗,果树也到开花阶段。这种霜冻会使农作物遭受很大损失。春季霜冻发生越晚,农作物受害也就越严重。晚霜冻是出现在有霜期的晚期发生的霜冻,在中纬度地区发生在春季,所以晚霜冻也称为春季霜冻。

(2) 秋季霜冻　指早秋天气还未寒冷、农作物尚未停止生长时发生的霜冻。而霜冻的出现往往使农作物停止生长,产量下降,品质变坏。秋季霜冻发生越早,其危害性越大。早

霜冻是指出现在有霜期的早期并造成灾害的霜冻，在我国广大中纬度地区，早霜冻一般发生在秋季，所以早霜冻也叫秋季霜冻。

(3)冬季霜冻　在我国南方地区，当有强冷空气南下，并伴随夜间辐射冷却，使地面或近地面气温下降到足以引起农作物遭受伤害的最低温度以下时，就形成霜冻，这种霜冻对我国南方地区危害较大。

3.霜冻根据危害程度可分为轻霜冻和严重霜冻

(1)轻霜冻　指农作物叶片受害，但对植株正常生长发育和产量没有显著影响的霜冻。

(2)严重霜冻　指农作物茎、叶受害，对植株生长发育和产量均有影响的霜冻。

4.寒潮　寒潮一般多发生在秋末、冬季、初春时节。影响我国的寒潮大致有3条路线：第一条是西路，这是影响时间最早、次数最多的一条路线。强冷空气自北极出发，经西伯利亚西部南下，进入我国新疆，然后沿河西走廊，侵入华北、中原，直到华南甚至西南地区。第二条是中路，强冷空气从西伯利亚的贝加尔湖和蒙古一带，经过我国的内蒙古自治区，进入华北直到东南沿海地区。第三条是东路，冷空气从西伯利亚东北部南下，有时经过我国东北，有时经过日本海、朝鲜半岛，侵入我国东部沿海一带。从这条路线南下的寒潮主力偏东，势力一般都不很强，次数也不算多。

我国寒潮地理分布广泛，可遍及全国，北方地区的内蒙古、甘肃、宁夏、陕西北部、山西北部、河北、河南北部以及黑龙江、吉林和辽宁等地均是寒潮频发的地区，淮河以南到我国南海中部海域也可以出现寒潮。寒潮年分布具有区域性特征，多数地区年平均日数在20～70天，西北地区、华北、东北地区和青藏高原在10～75天，西南地区、华南及长江流域为3～25天。寒潮的暴发在不同的地域环境下具有不同的特点：在西北沙漠和黄土高原，表现为大风少雪，极易引发沙尘暴天气；在内蒙古草原则为大风、降雪和低温天气；在华北、黄淮地区，寒潮袭来常常风雪交加；在东北表现为更猛烈的大风、大雪，降雪量为全国之冠；在江南常伴随着寒风苦雨。

三、低温冷冻灾害对甘薯的影响

低温冷冻灾害使作物生理活动受到阻碍，严重时某些组织遭到破坏，造成甘薯的减产。甘薯的生长期长，人们为了追求甘薯产量，喜欢早栽，天气变化异常，会造成降温而对薯苗造成冷害。甘薯和其他谷类作物不同，没有明显的成熟标志，各地气候条件又相差悬殊，农民又想多收获产量，会造成收获晚，突然发生降温及连阴雨天气，造成甘薯遭受冻害及冷害。

（一）温度对甘薯生长的影响

1.温度对茎蔓生长的影响　气温在25～28℃时，茎叶生长快；气温在30℃以上时，茎叶生长更快；气温在38℃以上时，呼吸强度过高，光合生产率下降，茎叶生长缓慢；气温下降到20℃以下时，茎叶生长缓慢；在15℃时，茎叶停止生长；在10℃以下时，连续时间过长或遇霜冻茎叶枯死。

2. 温度对块根分化的影响　当10厘米土壤温度在21～30℃,土温越高块根形成越快,数量也越多,以22～24℃为适温,昼夜温差对块根的膨大有很大影响,温差大时,有利于养分积累,可促使块根膨大。据试验,温差在12～14℃时,块根膨大最快。停止膨大温度因品种而异,一般在17～20℃。土温在20℃以下或32℃以上对薯块膨大均不利。另外,温度对块根的品质有影响,在适宜的温度范围内,一般温度越高,块根含糖量越高。

3. 温度对根系生长的影响　当5厘米地温稳定在16℃以上即可生长,这时气温为18～20℃。春薯一般3～5天发根,10天左右还苗,15天绿叶展开。栽后10天形成根系占总根系的30%以上,根的生长比地上部生长快。栽后20天,根长达30厘米,30天可达60厘米左右。夏薯栽插时,气温已达25℃以上,栽后2～3天发根,3～5天展新叶,根系生长快,15～20天即达总量的70%左右。一般要求发根温度不低于15℃,从发根与温度关系上来说,在15～30℃温度越高发根越快越多。

(二)低温连阴雨对甘薯的影响

低温连阴雨一般发生在甘薯的生长中期,此时甘薯处在薯蔓并长期,连续下雨,再加上温度偏低,影响甘薯的光合作用,甘薯生长变缓甚至停顿,甘薯地下部也处在不透气且有可能还受到湿害的影响,易发生黑斑病等病害,薯田内有积水排不出去,薯块易腐烂而不能贮藏,轻者甘薯产量降低,严重时造成甘薯绝收。春季育苗期和春薯栽插时及收获期有时候也会受到低温连阴雨的影响,育苗和春薯栽插时若遇低温连阴雨,将影响薯苗壮苗的培育及春薯薯苗的生长;收获期若发生低温连阴雨,将影响甘薯的收获和入窖。

(三)低温冷害对甘薯的影响

低温冷害是我国北方甘薯生产中的主要自然灾害,主要发生在黑龙江、内蒙古、吉林、辽宁、陕西、甘肃及河北省北部等。温度过低和甘薯收获期温度过低及收获过晚造成甘薯受冷害,可以分为苗期低温冷害及收获期低温冷害。苗期低温冷害形成原因是温度回升后突然又遇冷空气,使早栽的薯苗受冷害,轻者叶子受低温冷害死亡,但茎仍存活,可再发出新芽,重者彻底冻死需要补栽。当气温达到薯苗生根发芽的最低温度以上才能栽插。根据前面提到的甘薯生长需要的温度,在当地气温稳定在15℃以上,浅土层的低温达到17～18℃时才能栽插。当气温低于15℃,甘薯苗生长缓慢,甚至造成死苗。

当气温降至18℃时,甘薯开始停止生长,一切生理活动如光合作用能力、养分积累和运转能力都减退。收获期低温冷害形成原因主要是温度下降过快,未来得及收获造成以及甘薯贮藏期温度过低造成。一种是收获过晚,薯块在田间或晒场上受到冷害,受害温度是10℃以下。薯块在此低温下短时间就受害变质,生活力大减,易受病原菌侵染危害。薯块在9℃以下的低温环境持续较长时间,就会使薯块的生理机能受到破坏,使薯肉组织受到冻伤,形成硬核,表皮和组织坏死。受冻薯块无光泽,剖开病薯,可见毗邻薯皮的薯肉迅速变褐色。如果剖面马上变黑褐色,表明冷害较重,如经2～3分才表现出淡褐色,则冷害较轻。同时切面上没有白浆溢出。受冷薯块部分或全部组织形成硬核,煮后仍然坚硬不熟。薯块受冻,初时皮色与健薯无明显差别,只稍失光泽。后期可看出薯皮略带暗色,无光泽,用手指轻压受冻部分有弹性感觉,剖开冻薯可见接近薯皮处的薯肉迅速变褐,不渗白浆,用手挤压渗出清水。一般根据薯肉变褐的速度,可以推测受冻程度,变褐速度越快,说明受冻越严重。冷害的薯块往往形成硬心,发苦,煮不烂。薯块受冷害后,易招致寄生菌寄生,造成腐烂。

甘薯薯块受低温冷害后,15～20 天轻者点片腐烂,重者全部烂坏。根据试验,薯块在 3～6℃时 6 天就会受冷害;8℃条件时 4 天后观察,看不出与正常薯有什么不同,继续放到 9 天,7% 的薯块出现冷害症状,放到 16 天,有冷害症状的增加到 57%,其中有 14% 腐烂。受冷害的原因,主要是温度低。低温冷害是造成甘薯贮藏期大量烂窖的重要原因之一。轻度受冷的即使在贮藏期内不烂,用来作种育苗,在苗床里的高温条件下,不发芽或发芽很少,有的仍然腐烂。特别是使用温水浸种消毒的种薯,更容易腐烂,所以甘薯受低温冷害后,育苗时不能温水浸种。

(四)霜冻对甘薯的影响

霜冻后甘薯地上部分茎叶即枯死,地下薯块也因受冻而无法食用。薯苗栽插后需有 18℃以上的气温才能发根,茎叶生长期一般气温低于 15℃时茎叶生长停滞,低于 8℃则呈现萎蔫状,经霜冻即枯死。甘薯经霜冻之后,薯藤、叶片变黑枯死,薯块被冻伤。受冻后的甘薯煮不烂、味苦,不能食用,不耐贮藏。如果在田间受冻害,在贮藏前期(入窖 20 天左右)就会腐烂。

(五)寒潮对甘薯的影响

寒潮一般引起大风及降温,急速地降温,使甘薯生长期严重受冷害及冻害,地上部分叶片和茎蔓会被机械性损伤和生理性损伤,甚至导致部分叶子和茎蔓冻死。春季育苗和春甘薯种植早,春季的寒潮易形成倒春寒,使薯苗受害或冻死。甘薯生育期长,秋冬季有时候也会受到寒潮的影响。

四、甘薯低温冷冻灾害的防救措施

低温冷冻灾害虽然与气温周期变化的影响有关,但更重要的是由于没有根据当地的气候采取合理的防御措施。因此,根据当地的气候特点及气象预报,采取必要的防御措施和减轻低温冷冻灾害对甘薯造成的影响,对于甘薯的生产极为重要。

(一)培育、选用耐寒品种,适时育苗和栽插

培育耐寒早熟甘薯品种,提高甘薯植株抗冻能力,是避免或减轻低温冷冻灾害的一项战略性措施。根据当地气候条件,选择甘薯耐寒优良品种,确定合适的育苗、栽插及收获时期,以便在低温敏感期避开有害低温。耐寒的甘薯优良品种有鲁薯 2 号、徐薯 43－14、龙薯 9 号等。

(二)提高土壤温度

甘薯想早栽又不受低温冷害,减轻倒春寒的影响,最好的办法就是覆盖地膜栽培,一般

覆盖地膜不但可以增加低温，还可以提高甘薯产量。一般覆盖地膜可以使春薯栽插期提前10～15天，达到早栽早收，提高产量，改善外观品质，提高种植效益。据辽宁省农业科学院测定5厘米深地温，地膜覆盖后，日平均增高温度2.15℃。此外地膜覆盖栽培后，缓苗期提早2～5天，分枝期早5～10天，结薯期早4～8天，封垄期早4～5天。

（三）壮苗及修复

春甘薯要求适时早栽，“宁栽霜打头，不栽小满秧”，遭遇霜冻概率大。为了预防冻害的发生，应及时用600倍天达2116壮苗灵等药液灌墩，每墩100毫升，或浸蘸秧苗，可较为显著地提高植株抗低温性能。如果已经发生霜冻危害，及时喷洒低浓度的生长素和肥料，喷施后可起到活化生长基因、修复细胞膜、促萌新芽、加快新叶及茎蔓生长、恢复叶面积、增强光合作用强度之功效，从而减轻灾害损失。

（四）及时补苗

春甘薯受低温冷害、霜冻或寒潮等导致薯苗死亡的，需要及时进行补苗，不影响甘薯的产量，补苗之后仍要注意查苗补缺。

（五）注意预防突然降温

注意收听当地天气预报，当预报夜间有霜冻、寒潮时，用各种材料对甘薯进行覆盖，是抗御霜冻的有效方法。在寒露的农事歌中，有“留种地瓜怕冻害”一说，实际上，甘薯的贮藏确实十分困难，民间还有“地瓜好吃难过冬”之说。特别是9月、10月气温变化较大，为了防止甘薯种遭受霜冻，必须按天气变化适时起收。最好是选择上午收获，在田间晒一下，当天下午入窖，以防受冷害。寒潮对甘薯的危害只能采取防风防寒，甘薯在贮藏过程中寒潮频繁时，也应做好甘薯窖的保温工作。

（六）适时收获

收获过早影响产量，收获过晚薯块易受冷害。气温稳定在15℃时甘薯停止生长，此时开始收获，到12℃时入窖结束。中原地区一般在10月下旬收获。如果下霜后再收获，薯块易遭受冷害和冻害，因为此时的气温低于0℃，薯块上部暴露在地上的部分受到冻害，入窖后会很快腐烂。因此，注意天气预报，当日平均气温在15℃时开始收获，贮藏甘薯以下霜前入窖结束为好，这是预防霜冻带来危害的最好办法。此外，在初霜来临前，适当提前收割薯藤，做青贮饲料或晒干贮存，是农家冬季养猪喂牛的好饲料。选晴暖天气上午收刨，当天下午入窖。如不能当天入窖，必须注意覆盖防冻。若留种田遭受霜冻，要剔除露出地面受冻的薯块。

第四节

雹灾灾害对甘薯的影响及防救策略

雹灾即冰雹灾害，它是我国的重要灾害性天气之一。雹灾出现的范围小，时间短，但来势凶猛，强度大，常伴有狂风骤雨，因此，往往给局部地区的农牧业、工矿业、电信、交通运输以至人民的生命财产造成较大损失。

一、雹灾的形成及分布

（一）雹灾的概念及形成

1. 雹灾的概念　从冰雹云中降下的冰雹，砸在植物、畜禽和农业设施等上造成损伤和破坏的过程，称为雹灾。一般分为轻雹灾、中雹灾、重雹灾三级。

2. 雹灾的形成　冰雹是从发展强盛的积雨云中降落下来的，但并不是所有的积雨云都能降下冰雹。积雨云形成冰雹云降落冰雹，还必须具备以下4个条件：一是要求冰雹云发展特别旺盛，其垂直厚度一般应超过8千米。因为只有在这样的高空中温度才比较低，过冷水滴才能自然冻结，产生适当数量的冰雹胚胎。二是要求冰雹云中有强大的上升气流，才能托住冰雹，使之不提前降下来。这样，云中的上升气流速度要在20米/秒以上。三是要求冰雹云有丰富的水量（达到10～20克/米^{3}或以上）。在0℃层以上有过冷水滴集中区，以保证冰雹的迅速增长。四是要求有多次升降运动，小冰雹才能形成大冰雹，直到上升气流托不住时才降落地上。

（二）我国雹灾的分布

1. 我国雹灾的地理分布　我国降雹的地理分布特点是：多雹区主要分布在高原和大山脉地区，并按高原和高山走向呈带状分布；少雹区主要分布在平原、盆地和沙漠地区，呈现出高原、山地多于平原、盆地，内陆多于沿海，北方多于南方的分布特色。冰雹的形成和移动与地形和海拔有关。一般易发生冰雹的地形是：山脉的阳坡和迎风坡，山麓和平原的交界地带，地形较复杂的山谷地带，山间盆地和马蹄形地区。如西辽河上游，云南的鹤庆县，青海的民和回族土族自治县，河北的涞源县，山东沂蒙山区，贵州湄潭县，甘肃的平凉市和华亭县，北京的延庆县都是有名的多雹地区，它们都处于有利于冰雹生成的地区。冰雹源地多在山区或山脉附近10～20千米地带。冰雹形成以后，一般顺气流方向沿山脉、河谷和山谷移动，很少能翻越相对高度在1 000米以上的山脉。

据调查资料表明，年雹日是从海拔200～300米开始，随着高度的增加而雹日数增加：每升高1 000米，雹日数增加1~2天；2 000~3 000米增加4~5天；3 000~4 000米增加7天；4 000~5 000米增加10天。青藏高原降雹最多的高度在4 500米附近，祁连山在3 500米左右。

(1)多雹区

①青藏高原多雹区　基本上位于高原中、东部地形复杂和海拔高的山区，除藏南和柴达木盆地的年雹日少于10天以外，青藏高原的主体部分雹日都为10~20天或更多，最多年份可达20~30天或更多。此区是我国雹日最多、范围最大的地区，也是世界上最大的一片多雹区。但是由于地处高寒地带，夏季温度不高，因此冰雹云发展有限。一般在海拔3 000~4 000米的地区，80%的雹块是着地即融的霰，或只有黄豆大小的雹粒，对人畜基本上没有伤害力，很少造成雹灾。高原多雹区能造成雹灾的主要发生在海拔1 000~2 000米地区，特别是广阔的山谷、山间盆地、山体和平原交叉地带，雹灾频繁而严重。

②北方多雹区　自青藏高原东北部，斜向东北，经祁连山、六盘山，越过黄土高原和阴山山地，到达内蒙古高原东部大兴安岭，并经河北北部直抵东北全境，这是全国最宽、最长的多雹地带。其中祁连山地平均雹日数在10~15天或以上，最多15~20天或以上；内蒙古高原南部为4~5天或以上，最多10~20天或以上；华北、东北山地、内蒙古东部为3天左右；黄土高原和东北平原为1~2天。这一多雹带内的一些山地，如六盘山、阴山、五台山、兴安岭，都是一些多雹中心。在这条多雹带内，农牧业受冰雹危害最严重的是黄土高原北部、内蒙古高原南部和一些山脉的东南侧山前地区。

③南方多雹区　位于青藏高原以东，自横断山脉经云贵高原延伸至湘西、鄂西山地，其中川西的理塘雹日可达15天以上，云贵高原、湘西山地以及以南地区雹日一般为1~3天。该区内多雹灾的地区主要在海拔1 000~2 000米的云贵高原，再向东延伸到湘西、川鄂边界。

另外，新疆的冰雹也较多，如阿尔泰山每年雹日为1~3天，天山达10天，中山地带的昭苏高达23天。还有一些围绕着某些山脉的孤立多雹区，如秦岭、大巴山、长白山、沂蒙山和武夷山等山区，年雹日数为1~2天，多的也可达10天。

(2)少雹区　我国的少雹区主要分布在大平原、大沙漠、大盆地。我国东部平原(除山区外)年雹日数大都在0.5天以下，最多年份也只有1~3天。例如东南沿海、江淮平原、中原地区年雹日数都在0.3天以下，而最少的是华南沿海、四川盆地中部、塔里木盆地以及准噶尔盆地、阿拉善和腾格里沙漠等降水量极稀少的荒漠地区，1~2年才有1次冰雹。东部及平原地区，虽然降雹次数较少，但这里是我国的主要农业区，冰雹多出现在农作物生长季节，且由于水汽条件好，冰雹较大，一旦降雹，危害比西部大得多。

2.我国雹灾的时间分布　根据雹灾发生的时间特点，我国雹区主要分为春雹区、春夏雹区、夏雹区和双峰型雹区4种类型。春雹区在长江以南广大地区，以2~4月或3~5月为最多，占全年雹日的70%以上。春夏雹区在长江以北、淮河流域、四川盆地以及南疆地区，每年以4~7月降雹最多，占全年雹日的75%以上。夏雹区主要在青海、黄河流域及其以北地区，以5~10月为最多，占全年雹日的85%~90%。双峰型雹区主要在四川西北部和东北的东部地区，雹日多出现在5~6月及9~10月，占年降雹日数的70%以上。其中，夏雹区是我国降雹日数最多、雹期最长的区域,此时期也是农作物的生长季节,降雹造成的危害性最大,春雹区为降雹日最少区,另外两类雹区则介于其中。

二、雹灾对农业的影响

雹灾会给农业生产造成直接或间接的灾害。首先,冰雹下降时因机械破坏作用,使农作物叶片、茎秆和果实等受到损伤,对农业设施也会带来危害;再者,降雹后地面积压大量雹块,造成土壤严重板结;第三,雹块内的温度在0℃以下,致使农作物发生冻害;此外,还有因雹害机械损伤而引起作物的各种生理障碍以及病、虫害等间接危害。我国是世界上雹灾较多的国家之一,全国有20多个省市的多个县(市)都不同程度地遭受过冰雹危害。例如,1987年我国先后有2 150多个县(市)次降雹,受灾农田500多万公顷,毁坏房屋180万间,死亡400人,受伤1万人以上;1989年全国先后有970多个县(市)次降雹,受灾农田面积440万公顷,倒损房屋310万间,死亡430多人,受伤1.5万人以上;1993年受雹灾农田面积达640万公顷,倒损房屋230万间,死亡约250人,受伤1万多人,直接经济损失约47亿元。近年来,我国甘肃岷县、浙江台州等地遭遇的特大雹灾也给农业生产造成了巨大损失。

冰雹对农业生产的危害程度,取决于雹块的大小、降雹强度、冰雹下降速度。一般降雹时间长、强度大、雹粒大时,对农业生产的危害大。此外,作物受害程度还与作物种类、品种、生育阶段有关。玉米、棉花、向日葵等高秆大叶作物,比水稻、小麦等矮秆作物受害较重;地上结实的水稻、小麦等作物比地下结实的花生、甘薯、马铃薯等受害重;早熟、茎秆坚硬、再生力弱的品种较迟熟、茎秆柔软、再生力强的品种受害重;处在营养生长期的作物,除特别严重者外,一般都能恢复生长,而处在生殖生长期的作物,特别是抽穗、开花至灌浆成熟期的作物,遭冰雹砸害后,很难挽回损失。多年生的果树,受到冰雹砸击,不仅枝叶断折,果实脱落,当年损失惨重,还会影响第二年的生长与结果。

根据冰雹大小及其受害程度,可将雹害分为轻雹害、中雹害和重雹害三级。轻雹害,冰雹大小如豆粒大,直径0.5厘米左右,降雹时冰雹盖满地面,有的随降随化,作物的叶片被扫落或打成麻网状,茎秆砸断或打成秃茬子状。中雹害,冰雹大小如杏、核桃大,直径2~3厘米,降雹时冰雹盖满地面,积雹深度达10厘米左右,树木细枝被打折,树干皮层被打得遍体鳞伤,作物茎叶被打断成茬子,甘薯蔓被打烂。重雹灾,冰雹大小如鸡蛋大,直径3~5厘米,积雹深度达10~17厘米或以上。冰雹融化后,地面雹坑累累,十分坚硬,各种农作物地上部分被砸光,乃至地下部也受到一定程度的伤害。

三、雹灾的预测和防御

(一)雹灾的预测

雹灾的出现很突然,降雹的范围又小,事先进行预报有一定困难。但是,我国劳动人民通过长期的看天实践，积累了丰富的预测雹灾的经验。

1. *感冷热*　夏天早晨凉，潮气大，中午太阳辐射强烈，造成空气对流，易产生雷雨云而降雹。此外，在下冰雹的前一天或当天，天气热得反常，使人感到好像在蒸笼里一样，这样的天气，也容易下冰雹。

2. *辨风向*　暖湿空气多从东南方向吹来，当风向转成西北风或北风，风力加大，冰雹即随之而来。在春季，如天气闷热，天色发黄，一两天后，风由阵性转为静止，就有可能下冰雹。冰雹来时，风大而急，风向很乱，且成旋涡，但雨不大，如下一阵大雨，冰雹立即减弱，甚至停止。

3. *看云色*　冰雹云的颜色先是顶白底黑，而后云中出现红色，形成白、黑、红的乱绞的云丝，云边呈土黄色。黑色是因阳光透不过云体所造成，白色是云体对阳光无选择散射或反射的结果，红黄色是云中某些云滴（直径在1‰~1%毫米）对阳光进行选择性散射的现象。有时雨云也呈现淡黄色，但云色均匀，不乱翻腾。

4. *听雷声*　雷声清脆的炸雷，一般不会下冰雹。如果雷声隆隆，拖得很长，连续地响个不停，声音又沉闷，像推磨一样，就会有冰雹。这是因为，雹云中横闪比竖闪频数高，范围广，闪电的各部分发出的雷声和回声混杂在一起，听起来就有连续不断的感觉，仿佛是一连串雷声。此外，冰雹云来时还有一种吼声，是云中无数雪珠和冰雹在翻滚时与空气做相对运动所发出的声音，仿佛挥动细棒而发出呼呼的声音。

5. *识闪电*　冰雹云的闪电大多是横闪，横闪发生在云与云之间。竖闪一般发生在云和地面之间，下雹的机会少。

（二）雹灾的防御

我国劳动人民，在长期实践中积累了丰富的防雹经验，可总结概括为“避、防、抗、消”四个字。

1. *避雹*　在某个地区，雹害有其相对集中的发生时段，要合理布局农业生产，使农作物最易受灾的生育期错开雹灾多发期，可通过调整品种成熟期和播种期来达到这一目的。例如，华北部分地区5~6月是冰雹多发期，种植春玉米遭遇雹灾的概率高，并且是中后期遭雹灾，灾情重，恢复力差，减产严重，而夏玉米如在苗期遇到雹灾，一般都能很快恢复生长，减产较轻，因此，可适当多安排一些夏玉米。雹灾经常发生的地点多数是山区小盆地、迎风口等，有些地方的群众把这类地方叫作“雹泉”“雹窝”等。在雹害多发地点，应尽量种植抗雹性强的作物如玉米、谷子、甘薯、马铃薯等作物。

2. *防雹*　当听到气象预报要出现冰雹之前，为了防止雹害，小苗作物要搭防雹棚，已黄熟作物要抢收，秧田、山芋苗等可采用灌水、覆盖等保护办法，牧业区应将畜群赶回圈内。

3. *抗雹*　就是对已受冰雹危害的作物，如玉米、高粱、谷子等及时进行扶株培土、中耕松土和追肥，促其恢复生长，而不要轻易翻种或改种其他作物。特别是不要剪除砸烂的茎叶，否则会造成腐烂枯死，导致严重减产。灾后如缺苗严重，可补种早熟的绿豆、荞麦或小豆等短期作物。

4. *消雹*　从根本上消雹有两个途径，一是改良生态环境，通过植树造林，绿化荒山秃岭，以控制积雨云的对流强度，改变冰雹形成的热力条件，使冰雹不易在该地区生成。二是人工消雹。冰雹有其自身的发展规律,它总是在一定条件下,按一定的规律形成的,如果我们采取一些人工的办法影响和改变冰雹形成的条件,就可以使条件向不利于冰雹形成的方向转化,其结果就是人工防止或减弱了雹灾。目前,人工消雹的方法主要有两种,即爆炸法和播撒催化剂法。

(1)爆炸法　爆炸法是用炮或火炮筒直接射击雹云的方法。20 世纪 60 ~ 70 年代许多地区大量使用土炮、土火箭消雹,20 世纪 80 年代以后改用高炮、火箭携带碘化银炮弹,并使用雷达、闪电计数器、高频电话等现代化仪器、设备识别冰雹云和指挥作业。强烈爆炸会产生大量高温高压的气体,迅速向外扩散形成冲击波,对空气运动以及云雾中的水滴、冰晶都有一定的影响。但是由于能量较小,所以人工爆炸作业不是使用能量与冰雹云体"硬拼",而是在恰当时机、适当部位影响云体,促使云体成雹能力减弱甚至散失。因此,要利用强烈的爆炸作用或干扰云中或云下上升气流,以减弱成雹能力。我们知道,雹云中的上升气流在云的形成和发展中有着极其重要的作用,不仅给云中输送大量水分,提供水量条件,而且支持水滴、冰晶悬浮于云中,使之能不断增长。同时,其空间分布使冰雹可以较长时间在云中上下翻滚,越长越大。因此,爆炸直接或间接地影响上升气流,就必然在相当大的程度上影响云的发展和冰雹形成。

用爆炸法消雹,炮点要设置在历年雹灾重、雹线长、控制耕地面积比较大的地区,以及产生雹云的主要山峰和雹云必经的山口,层层设防。炮点要密,炮数要多,炮位要安置在地势高、视野开阔的地方,以利于观察。打炮时要集中火力,层层阻截,两侧夹攻,多方射击。打炮的时间不宜太早,也不能太迟,一旦时机已到,动作要快。炮火袭击的雹云部位是云根、云头、云腰等上升气流较强的部分,也可以打发生"横闪"的部位。当两块云要合并时,要狠打移动快的云块,因为这种云是由原来两块雹云的下沉气流抬升而形成的,往往能迅速发展成为降大雹块的雹云。

(2)催化剂法　催化剂法防雹,即当雹云开始形成时,设法把碘化银、碘化铅或干冰等撒到云里。据计算,1 克碘化银充分燃烧后,足可产生 1 万亿个冰晶核,它们随着云中气流上下翻滚增长,把云中的过冷却水滴分散凝结使其不能形成大雹块,从而消除其危害性。或在云的底部撒入石灰粉,这种石灰粉随气流进入云体后,即把大量的水滴、水汽吸附在粉末上,也可以大大削弱冰雹的形成。撒碘化银的方法是在次防雹区域里,把碘化银溶解在丙醇溶液里,用特制的炉子燃烧,使气体的碘化银微粒随上升的气流扩散到云中,或者用高炮等工具将碘化银打到雹云中,造成冰水共存局面,使过冷却水在碘化银晶核上分散增长。由于云中的水分是有限的,冰核浓度增大后,发生争食水分现象,就使冰雹不能长得很大。同时,人工冰核的引入,促使过冷水滴及早冰晶化,也阻止了冰雹胚胎与过冷水滴的合并增长,因而可以阻止大冰雹的形成。

四、甘薯雹灾后的补救措施

甘薯遭受雹灾后,危害主要有 4 个方面:一是砸伤,由于冰雹从几千米的高空砸向甘薯,轻者把叶片砸烂,重者砸断茎蔓;二是冻伤,从4~5千米高空下落的雹块,温度低至-20~-10℃,落在低洼背阴处可历经2~3天不化,容易造成甘薯苗的低温冻害;三是地面板结,由于雹块的重力打击,造成农田土壤表层板结、不透气,使甘薯生长受到间接危害;四是冰雹低温所造成的冻害和叶片、茎蔓的创伤,容易感染病虫害。

对于遭受雹灾的甘薯,必须尽快进行灾后调查,根据甘薯生长阶段、受灾轻重及生长情况,确定该地段遭受冰雹灾害的甘薯能否恢复生长,并估计其可能减产程度,积极采取恰当的补救措施,将损失减到最小。目前,主要采取的补救措施如下:

(一)移栽补苗

甘薯在扎根前,抗雹灾能力弱,受害重,且灾后易发生烂秧死苗。要逐块地、逐行检查受灾的甘薯,通过合理留苗和移栽补苗保住密度,此项管理一定要及时,否则会影响甘薯的产量形成。当甘薯苗扎根或爬秧后如受雹灾,尽管蔓叶被砸烂,只要还留有拐子,不要翻种,只要及时加强田间管理,就能迅速恢复生长,获得较好收成。对受灾特别严重的地块,则要考虑是否翻种或间作套种其他作物。

(二)追施肥料

雹灾后,地上部分枝叶大量损伤,影响营养物质的合成,根据苗情与生育期及时追施速效肥料,特别是氮素肥料,以改变薯苗营养条件,促使其迅速恢复正常生长发育。

(三)及时浇水

受雹灾危害的甘薯,根据薯田土壤墒情,结合施肥进行适量浇水,可充分发挥肥效,促进甘薯恢复生长。

(四)中耕松土

降雹时,经常有狂风暴雨,可造成土壤板结,地温明显下降,雹灾后应及时中耕松土。中耕松土可以疏松土壤,改善土壤通气性,提高土壤温度,增强土壤保肥蓄水能力,以利于土壤微生物的活动,加速养分分解,促进甘薯根系生长及块根膨大。

(五)病虫害防治

甘薯遭受雹灾后,叶片和茎蔓受到创伤,恢复生长的枝叶幼嫩,容易受到病虫害的侵染,要及时防治病虫害的发生,保证灾后甘薯安全生长。病虫害的具体防治方法参见本书第五章。

参考文献

[1]程延年.农业抗灾减灾工程技术[M].郑州:河南科学技术出版社,2000.
[2]樊晓中,高文川,刘明慧,等.北方薯区甘薯三大病害和杂草的综合防治[J].农业科技通讯,2012(1):92-95.
[3]方伟超,张宗丽.农业防灾减灾及突发事件对策[M].北京:中国农业科学技术出版社,2011.
[4]胡启国,王文静,储凤丽,等.甘薯田间杂草高效除草剂筛选试验[J].山西农业科学,2013,41(7):735-737.
[5]黄实辉,黄立飞,房伯平,等.甘薯疮痂病的识别与防治[J].广东农业科学,2011(S1):80-81.
[6]雷剑,杨新笋,苏文瑾,等.不同除草剂防治甘薯田杂草药效试验[J].湖北农业科学,2012,51(24):15-18.
[7]李毓珍.脱毒甘薯高产栽培管理技术[J].河南农业,2010(11):47.
[8]李志芳,周明强,欧珍贵,等.贵州甘薯产业发展前景、存在问题与对策[J].热带农业科技,2010,33(3):33-39.
[9]刘汝乾.重庆市甘薯资源综合开发利用现状及其发展前景[J].安徽农学通报,2012,18(16):6-16.
[10]刘中良,刘桂玲,郑建利,等.山东甘薯生产现状与对策探讨[J].安徽农业科学,2013,41(6):2399-2400.
[11]芦金生.图说甘薯高效栽培关键技术[M].北京:金盾出版社,2010.
[12]马代夫,李洪民,李秀英,等.甘薯技术100问[M].北京:中国农业出版社,2009.
[13]马代夫,李强,曹清河,等.中国甘薯产业及产业技术的发展与展望[J].江苏农业学报,2012,28(5):969-973.
[14]马光辉.农药对农作物的危害及预防[J].种业导刊,2010(5):19-20.
[15]马剑凤,程金花,汪洁,等.国内外甘薯产业发展概况[J].江苏农业科学,2012,40(12):1-5.
[16]史本林,尤瑞玲.河南省甘薯产业化发展对策研究[J].资源开发与市场,2010,26(4):331-333.
[17]石明旺,高扬帆.新编常用农药安全使用指南[M].北京:化学工业出版社,2010.
[18]王道中,张永春.安徽省甘薯生产及施肥现状调查分析[J].安徽农业科学,2010,38(19):10024-10025.
[19]王裕欣.利用薯业协会推进甘薯产业化的探索[J].中国农村小康科技,2010(4):8-9.

[20]王欲欣,肖利贞.甘薯产业化经营[M].北京:金盾出版社,2008.
[21]肖利贞,杨国红,李君霞,等.甘薯绿色食品优质高产生产技术、第四届中日韩甘薯学术讨论会论文集[M].北京:中国农业大学出版社,2010,397-408.
[22]闫加启,陈宗光.甘薯生产关键技术100题[M].北京:金盾出版社,2009.
[23]闫加启,陈宗光,芦金生.图说甘薯高效栽培关键技术[M].北京:金盾出版社,2010.
[24]杨占国,张玉杰.甘薯、马铃薯高产栽培与加工技术[M].北京:科学技术文献出版社,2010.
[25]杨育峰,李君霞,代小冬,等.5种除草剂对甘薯田间杂草的防除效果[J].河南农业科学,2013,42(7):88-90.
[26]张超凡,周虹,黄艳岚,等.甘薯栽培与加工实用技术[M].长沙:中南大学出版社,2011.
[27]张立明,马代夫.中国甘薯主要栽培模式[M].北京:中国农业科学技术出版社,2012.
[28]郑婉霞.甘薯栽培与加工技术[M].北京:科学普及出版社,2012.
[29]朱红林,陈健晓,王效宁.海南省甘薯产业发展调研报告[J].热带农业科学,2012,32(6):85-96.